# 先生、ヒキガエルが目移りしてダンゴムシを食べられません！

［鳥取環境大学］の森の人間動物行動学

小林朋道

築地書館

# はじめに

ここだけの話だが、私はこのごろ、**「人生」について考えている**。

(どうだ。今までの「はじめに」の出だしとはちょっと違うだろう。大人っぽいだろう)

今、私が考えていることについて少し聞いていただきたい。


私は今、生きている。そして「自分は○×している」とか「自分は□△と思っている」とか、いわゆる自我意識を感じている。

でも、「人生」の終わりには、これらの自我意識はなくなるだろう。

それを考えると怖い気もする。そして日々の生活のなかでは、死は、文句なく恐怖であり、人はそれを必死で避けようとする。でもじっくり思索したとき、**死はそんなに怖いものなのだろうか**。

**死をこんなふうには考えられないだろうか。**

二つ、例をあげてみよう。

**一つは、こうだ。**

たとえば、五歳のころの（とてもかわいかったにちがいない）小林少年は、今、どこにいる？

どこにもいない。**もういないのだ。**

五歳の小林少年を形づくっていた体の（器官の、細胞の、ＤＮＡの………）素材になっていた炭素（Ｃ）や窒素（Ｎ）やリン（Ｐ）などの物質はすべて（すべてだ！）、もう、新しいものに置き換わっている。もちろん、そのころの小林少年の自我意識を生み出していた脳内神経系を構成していた物質もすべて新しい物質に置き換わっているのだ（ちなみに、神経系という物質から、非物質である〝意識〟が生み出されるのは不思議なことではない。物質も意識も、ヒトという動物が、進化の産物として備えるにいたった認知内容である。どちらも自然現象である）。

五歳のころの小林少年は、今はもういない。小林少年の自我意識も存在しない。それは「死」と言ってもいいかもしれない。

**もう一つお話ししよう**。

今、三本の木の棒で三角形をつくったとしよう。「三角形」だ。三角形がここにある。

でも、三本の木の棒のそれぞれを四方八方に動かすと**「三角形」はなくなる**。そう、なくなってしまう。

そして、それは結局、私の「命」という状態がなくなってしまうのと同じだと考えることもできる。

生命も、素材の、あるパターンの〝構造〟あるいは〝関係〟なのだ。「三角形」という構造の場合と同じく、生命も素材の構造なのだ（とてもとても複雑だけど）。

物理学の最先端を歩いているイタリアの量子力学の研究者、カルロ・ロヴェッリは、〝物質〟も、結局、関係（つまり構造）と考えるほうがより真理に近いことを主張している。まー、背後には大変複雑な理論があってのことだから、一文で表わすのは無理があるだろうが。

でも、「死」というのは、そういうことではないだろうか。

死は怖いけど恐ろしくはない。死は、**変化しつづけていく自然現象の一点**にすぎないのだ。

子どものころ、「自分は、死んだら、いつまで死んでいるのだろう。永久に死んで意識がないのは恐ろしいなー」と思ったことがあった。でも、今は恐ろしくはない。五歳のころの小林少年がもういないのと同じことだ。あのころの五歳の小林少年が現われることはもう二度とない。そういう状態が、いわゆる死後も、続くということなのだ。

死と同様の現象はすでに身のまわりで幾度も幾度も起こっている。**死を恐れる必要はないのだ**（納得されない方も、もちろん、たくさんおられるだろう。一仮説、と思っていただければよい）。

今を、力いっぱい、自分がこうしたいと思うことを、こうすれば自分は前向きな生きがいを感じるだろうと思うことを続けていけばいい。

私の場合、できるだけ他人を傷つけず（できれば喜んでもらい）、自分が生きがいを感じるべく、会いたい人に会い、動物たちと接すること、ヒトも含めた動物を研究すること（より理解を深めること）、そして……書くこと……そんなことを続けていきたい。

そして、この本も書いた。

カワネズミのこと、ヒキガエルのこと、ヤギのこと、シジュウカラのこと、ニホンモモンガのこと、スナガニのこと、そして、彼らをめぐるヒトのことを。

私は、故意ではないが、結果的に他人を傷つける。盛って話をする。間違いをごまかそうとして嘘を言う。他人に腹を立てることもある。怒りを覚えることもある。反省することもあり、気をつけようと思うが、内容によっては仕方ないよな、と思う。

でもだからといって、**自分が嫌いになったりはしない**。そういう性質を備えたのが、ヒトという動物だと思うからである。そういう性質は、進化の産物として生じてきたホモ・サピエンスという動物種の特性の一部なのだ。いわゆる本能としてそういった特性が備わっているということだ（本能だからといって変えられないわけではないということも確かだが）。

話は変わるが、今年の春、日曜日のことだった。

野球部の部員が研究室にやってきて、巣のなかの鳥のヒナが暑さで死にそうなのだと言った。なんとかしてもらえないか、というわけだ。

もちろん、仕事を中断してすぐ現場に行き、状況を読み取り（行く前に、すでに状況は読み取っていた。私くらいの動物行動学者になると、そして多くの経験を積んでいると、大体読めるのだ）、**じつに見事で適切な対応**をした。

野球のグラウンドの端っこにある巣のなかに、確かに、暑さで死んでしまいそうなヒバリのヒナたちがいた。私は、素早く、実験室からブロックなどを運び、覆いをつくってやった。もちろん、親が帰ってヒナと接触するまでを見届けて、研究室に帰ってきた。

部員が言うように、その対応がなければヒナたちは死んでいた可能性が高い。

親鳥たちが巣をつくって産卵したあと、悪気はなかったのだろうが、ヒトが草刈りなどをして環境を変えてしまったのだ。それに加えて、異例の暑さが、巣のまわりから草を奪ってしまったのだろう（この話は、また、本などに書くネタになるかもしれないので、このあたりにしておく）。

知らせてくれた部員はやさしく立派だし、小林に言えばなんとかしてくれるかもしれないと思ったところが、またかわいいではないか。賢いではないか。**うれしいではないか**（進化の産物として生まれたホモ・サピエンスには、そういった、誰かに頼ろうとしたり、頼られることをうれしく思ったりする特性が備わっているのだ）。いい汗をかいて再び仕事に向かった。

そんなことを繰り返しながら、今、私は生きている。これからも当分は、動物たちと、そしてヒトとかかわりあって生きていくのだろう。

そして、一〇〇年後には、今の私やヒバリの親やヒナの体の構成素材がつくっていた関係・つながり、つまり体はなくなり、変化という自然現象は淡々と続いていくだろう。

近ごろ、そんなことを考えている。そして教育・研究を行ない、空いた時間で、文章を書いている。ヒトや（ヒト以外の）動物に対する思いは変わらないが、ここまで書いてきたような気持ちが微妙に、本書も含めた最近の文章に影響しているかもしれない。

本書を読んでいただき、ありがとうございます（このあたりまで読んで、本屋の棚に返される方もありがとうございます）。

本書は、ある意味で、これまで書いてきた「先生！シリーズ」の新たな出発点になるかもしれない。繰り返しになるが、近ごろ、私の内面が変化しつつあるのを感じることに加え、なによりも、これまで「先生！シリーズ」の編集に主軸となってかかわっていただいていた橋本ひとみさんが築地書館を退職され、新しく髙橋芽衣さんが担当してくださることになったからだ。

橋本さん、これまでの一六巻と一番外編、ほんとうにお世話になりました。

髙橋さん、これからよろしくお願いします。

「先生！シリーズ」、まだまだ頑張ります。

小林朋道

二〇二二年九月一四日

## ◆目次

本書の登場動（人）物たち

# 真無盲腸目の動物とKjくんの話

なんで、すぐに知らせてくれなかったの！

読者のみなさんは「真無盲腸目（しんむもうちょうもく）」という動物のグループをご存じだろうか。
まずは〝目（もく）〟の説明からだ。

生物の分類は、大きなグループから小さなグループへとしぼりこむようにして行なっていき、それぞれのグループの段階がわかるように、グループ名の最後に〝界（かい）〟とか〝綱（こう）〟とかいった分類段階表示をつける。

たとえば、ヒトの場合だと、大きなグループが「動物界」、その下が「脊索（せきさく）動物門」、その下が「哺乳（ほにゅう）綱」、その下が「霊長目」、「ヒト科」、「ホモ属」、そして、一番下の〝種（しゅ）〟が「サピエンス」である。学名は、属名と種名をラテン語で並べて、その種を表わすということになっているので（二名法と呼ばれる）、ヒトは、ホモ・サピエンス（*Homo sapiens*）となる（余談だが、コウモリは翼手（よくしゅ）目、ニホンモモンガは齧歯（げっし）目に属する）。

**つまりだ**。「真無盲腸目」は、〝目〟の段階の分類グループが「真無盲腸」であることを示している。

では、「真無盲腸」というグループは、いったいどんなグループかということになるだろう。
ヒトの場合の「霊長目」に相当する段階のグループだ。

**まず、気になるのは〝真〟だ。**〝真〟ということは（ほんとうの、という意味だから）、その前に、間違った「無盲腸目」を命名したということだろう。

じつは、そのとおりで、間違った、ということではないのだが、「無盲腸目」と命名したあと、新しい技術を用いて分類し直したところ、訂正が必要になったということだ（黙って、そーーっとしておけばいいのに）。

**まー、分類というのはそんなものだ。**遺伝子解析などの新しい技術も使って分析してみた結果、今までの分類が訂正を迫られることは常にある。その連続であり、現在の最新の分類もやがては訂正を迫られるだろう。

ここでは詳しいことは省くが、二〇〇五年ごろ、それまで「無盲腸目」と呼ばれていたグループを、トガリネズミ科とモグラ科、ハリネズミ科、ソレノドン科からなる新しいグループにしたのだ。だから「〝真〟無盲腸目」なのだ。そして「無盲腸目」とは、その呼び名が示すように、盲腸がない。ここに属する種はほとんどが昆虫食であり、形態学的に、哺乳類の比較的原始的な形質（盲腸がないというのもその一つ）を多く保持しているのが大きな特徴だ。

私は、この「真無盲腸目」の動物にとても魅力を感じる。単独性で夜行性、そして体が小さいといった特徴にひかれるし、そういう特性も原因だろうが、調べにくく謎に包まれた部分が多いところも魅力的だ。

ちなみに、北海道に生息するトウキョウトガリネズミ（北海道に生息するのになぜ〝トウキョウ〟というのか、私は知らない）は、世界最小の哺乳類の一つと言われている。

**さて**、「真無盲腸目」の紹介はこれくらいにしておいて、次は（タイトルにそって）**「K・jくん」**という動物の説明だ。「K・jくん」というのは、界でも門でも綱でも目でも科でも属でも種でもない。**ホモ・サピエンスに属する、数年前に小林ゼミに属していた個体**だ。

おおらかで、にこやかで、エネルギーに満ちあふれていて、お人好し、という特徴がある。にこやかでない顔のK・jくんはあまり見たことがない。

川でのゼミ演習で水中に眼鏡を落としてなくしたときも、山道を車で走っていて倒木にバンパーが当たって落下したときも、動揺することはなかった。**何があっても前向き**なのだ。そして、K・jくんの場合、そうしているとなんとかなってしまうから、不思議だ（なんともならなかったこともあったが）。

以下、紹介もかねて、まずはK・jくんに関する短編の事件を三つほどご披露しよう。

一つ目。

名前は忘れたが、ある有名な山へ友だちと登ったのだそうだ。頂上まで登り、下山してきたそうだ（それはそうだろう。頂上からまた登山はできない）。そして麓（ふもと）まで下りてきて気がついたのだそうだ。「スマホがない。下山の途中で落としたんだ」

そしてK・jくんは、例によって落ちこんだりせず、また元気に（たぶん）登りはじめたのだ。

ところが、少し登ると**白髪で高齢の男性**が上から（天界からではなく）下りてきて、手にはK・jくんのスマホを持っており、**「これは君のかね」**と言われたのだそうだ。天界からではなく、山道の上のほうから下りてこられた〝白髪で高齢の男性〟は、K・jくんの様子から、今、何が起こっているのか、わかられたのだろう。

まー、そういった具合だ。

二つ目。

環境学部の実習・演習という授業で、私は、ニホンモモンガ（および、彼らの森に棲むアカハライモリやその他各種水生動物）の調査を行なっている。たくさんの巣箱をチェックして、ニホンモモンガが好む植生を調べたり、生息する限界最低標高を調べたり、また、臀部（でんぶ）に挿入したマイクロチップによる個体識別などを行なっているのだが、**その出来事は、恒例の、谷川の河川敷での昼食時に起こった。**

昼食は、私の好みで毎回、全員にレトルトカレーを買ってきてもらい、パウチを大きな鍋でぐつぐつ煮たあと、集落の公民館で朝炊いたご飯にかけて食べることにしていた。ちなみに、その実習では、K・jくんに実習のアシスタントを頼んでいた。

さて、「よーーし、昼食だ！」となったとき、**……毎回いるのだ。レトルトカレーを買い忘れてくる学生が。**そのときは特に多くて、忘れた学生が五人もいた。

私は、忘れてくる学生がいるのを見越して、四つ買っておいたのだが、私が把握した範囲では、忘れた学生は三人だった。私は、ちょうどよかった、と思い、その学生たちに三つ渡し、私は自分のカレーを食べていた。

するとだ、K・jくんが、河川敷の石に腰かけて川を見ているのだ。私が近づいて声をかけると、なんとこういうことがわかった。

K・jくんは、二人の学生が買い忘れているのを知って、**自分のカレーを渡したの**だそうだ。

私がわけを聞かなければ、何もなかったこととしてその場は終わっていただろう。

Ｋ・ｊくん、**きみは偉い！** 間違いない。


三つ目。

Ｋ・ｊくんが卒業する少し前に起こった事件も私には忘れられない。

私の学問上の恩師の一人と言ってもよいＫｄ先生から、研究室に突然、電話がかかってきた。「大学を定年退職するので研究室を片付けているのだけれど、本などがたくさんあるから、もしよかったら小林（私のこと）がほしいものがあったら何でも持っていってほしい」という内容だった。

Ｋｄ先生には、私が学生だったころ、動物行動学について夜遅くまで議論につきあっていただいた（そのころは動物行動学という学問は日本でまだよく知られていなかった）。お会いする機会がなくなって、もう一〇年くらいたっていただろうか。

そんなＫｄ先生からの電話だ。**行かないわけにはいかない**。

私は二つ返事で承諾し、うかがう日時については折り返し連絡しますから、と言って電話を切った。

私はＫ・ｊくんと、それともう一人、Ｋ・ｊくんと特に仲がよかった大学院生のＭｋさんに、〝旅〟に同行してくれないかと頼んだ。もちろん、Ｋｄ先生の研究室には本がいっぱいあって、どれでももらえるから、ということもつけ加えた。話はすぐまとまり、Ｋｄ先生に日時を知らせた。

Ｋｄ先生の大学へは、車で三時間くらいで行くことができた。車中で楽しい時間を過ごし、Ｋｄ先生の大学に着いた私は少々緊張していたが、迎えに出てくださっていたＫｄ先生と二、三、言葉を交わすと、もう時間は〝昔〟にもどった。**何やら涙が出るような気がした**。特に動物行動学にひたむきだったころを思い出したのだ（今でもそうだが！）。

Ｋ・ｊくん、Ｍｋさんは、まったく動じることはなく**（アメリカ大統領に会っても動じることはないだろう。この二人は）**、Ｋｄ先生から「何かほしいものがあったら自由に持って帰っていいよ」と言われ、いろいろ物色していた。

**そんなときだ**。Ｋ・ｊくんが研究室のロッカーの上でホコリを被っていた**雛人形**（端正な顔の男雛(おびな)様と女雛(めびな)様が、木枠にガラスをはめこんだ立派なケースのなかに鎮座されていた）を見つけ、**「これ、いいですね」**と言ったのだ。Ｋ・ｊくんの**子どものような純粋な心**が雛人形に強く反応したのだろう。

Kd先生は「それ、気に入った？　持って帰ってくれていいよ」みたいなことを言われ、あれよあれよという間に、**Kjくんは雛人形の所有者になった**のだ。

というわけで、私とMkさんは本を何冊か、Kjくんは雛人形をもらって帰路についた。雛人形のケースは大きかったが、なんとかギリギリ車に入った。

さて、大学にもどってからだ。

雛人形をどこに置くかという話になったのだが、Kjくんは、自分のアパートには置く場所がないので、とりあえず**ゼミ室に置きたい**と言った。

ゼミ室に置くと**かなりな存在感**を漂わせるにちがいないから、心配がないわけではなかったが、まー、そうするしかないだろう。男雛様と女雛様はゼミ室におられることになった。

**ところがだ**。そのうち、**予想どおり**と言えばよいのか、ゼミのほかのメンバーから、お雛様が場所をとるので、**なんとかしてほしい**、という声が上がりはじめた（まー、そうだろう）。

さすがのKjくんも少々困ったようで、**思い切ってメルカリに出品したようだがまったく売れなかったらしい**。

そこで（そのあたりの詳しい経過は忘れたが）私も力を貸すことになり、最後の手段として、骨董屋に引っ越していただくことにした。というかそういう方向で動くことになった。

私は、大学から鳥取駅の周辺までの間に、骨董屋が数件あるのを知っていた。楽勝だろうと思って、K・jくんと男雛様・女雛様を乗せて大学を出発した（前向きなK・jくんは、**もう雛人形問題は解決した**、くらいに思っていたにちがいない）。

ところがだ。行くところ行くところ、店員さんから「雛人形はちょっと………」と対応された。だんだんと雲行きが怪しくなり、**不安もふくらんできた**。

でも私は大丈夫だろう、と思っていた。というのは、駅に一番近い、大きな骨董屋の前には、**「何でも引き取ります」**と大きく書いた看板が立ててあるのを知っていたからである。

ほかのところは全部断られて、最後の「何でも引き取ります」の骨董屋に運びこんだら………。雛人形は「何でも」ではないらしい。**じゃあ、何なんだ**、と思いながら大学にもどった。そんなときにもK・jくんは元気だった。とりあえずまたゼミ室に置いてその日は終わった。

その後、私もどうしたものか考えつづけていたが、そのうち、雛人形はゼミ室からおられなくなった。**私はあえてK・jくんに何も聞かなかった**。今も知らない。

以上、少々長くなったが、K・jくんの紹介になっただろうか。

さて、ここから本題の「真無盲腸目の動物とK・jくん」の話がはじまる。

最初は、**カワネズミ**（正確にはカワネズミの糞）との絡みだ。

カワネズミは、日本では数少ない**真無盲腸目トガリネズミ科**に属する、体長一一センチくらいの哺乳類である。トガリネズミ科のなかでは最大級の大きさで、それはおそらく、水中にいる時間が長いため、なるべく体温の損失を少なくするように適応した結果だと推察される（体の単位体積当たりの表面積は、体が大きいほど小さくなる。同類の動物、たとえば同じクマ類でも、シロクマのように、北に生息する種のほうが体が大きいのだ）。山地帯の渓流に棲み、

泳ぐカワネズミ。トガリネズミ科の動物だけあって吻（鼻の周辺部）はとがっており、尾は、水中遊泳のときにバランスをとったり、川の流れに抗して移動するときに第五の肢として機能したりするため、太くて硬くて長い

カニや水生昆虫や魚を餌にして生きる謎多き動物だ。

Ｋ・ｊくんと特に仲がよかったＭｋさんが大学院で、その行動・生態について研究していた動物でもある。

しばしばＭｋさんの調査に同行していたＫ・ｊくんが、カワネズミについて卒業研究を行なうことになったのは自然なことかもしれない。

そして、Ｋ・ｊくんがテーマにしたのは以下のような、**Ｍｋさんの研究（の一部）から推察される予想を検証する**という内容のものであった。

あー、それについてお話しする前に、Ｋ・ｊくんの卒業研究に関係する、Ｍｋさんの研究の〝一部〟について書いておかなければならない。

Ｍｋさんの研究によれば、カワネズミは、自分の活動範囲のなかに**「溜め糞」（ある特定の数カ所に頻繁に糞をする結果できる糞の山）**をする習性がある。「溜め糞」というには糞の数がちょっと少ない、しかし決まった場所に集中して糞をする**「ミニ溜め糞」**もある。

Ｍｋさんがカワネズミを飼育していた一四〇センチ×六〇センチ×高さ八〇センチの透明ア

クリル水槽のなかだと溜め糞は一カ所だけ、底面の中央部につくられた。

興味深いことに、主(ぬし)のカワネズミ(仮にAと呼ぼう)は、溜め糞を、下に敷いている新聞紙ごと(ニオイも残らないように)取り去って別の場所に置いても、**もとの場所にまた溜め糞をつくりはじめる**。

一方、別の水槽で飼育しているカワネズミ(仮にBと呼ぼう)の溜め糞を、丸ごと取ってきて、Aの水槽の、Aが自分で決めた溜め糞の場所以外の場所に置くと、今度は、Aは、Bの溜め糞が置かれた場所に、まさに**その溜め糞の上やすぐそばに、自分の溜め糞をしはじめる**のだ。

この現象は、相手が同性であろうが異性であろうが同じように起こる。

あたかも「ここら辺は私の、あるいは、俺の所有地だ!」と言わんばかりの、**尋常ならぬ様子**での反応である。

別の実験では、あるカワネズミ(仮にCと呼ぼう)の飼育水槽と、別のカワネズミ(仮にDと呼ぼう)の飼育水槽とを、一〇センチ×一〇センチ×長さ五〇センチくらいの、上面だけ金網、他面は板の通路でつなげたとき(通路の中央には金網の仕切りがある!)、何が起こるか調べた。

その結果、CとDはどちらも、仕切りの、**自分の水槽側の手前に、山盛りの溜め糞をするこ**

とがわかった。おそらく、先の反応と一緒で、相手のニオイが漂ってくるところに「ここら辺は私の、あるいは、俺の所有地だ！」と宣言しているのだろう。

CとDが、仕切りの両側に同時にやってきたとき、チーチーという**甲高く激しい声**で鳴きあいながら仕切りを隔てて攻撃しあうのも自動撮影カメラに映っていた。

これらの実験結果を総合すると、Mkさんの研究が示した可能性の一つは、「野外では、カワネズミは、流域の一区画に自分の縄張り（のようなもの）をもち、そのなかの数カ所に溜め糞場をつくり、他個体に対してそれをアピールしているのではないか」というものであった。


ここでKjくんが登場する。

Kjくんが行なうことになった研究は、Mkさんの実験から推察された「カワネズミは、流域の一区画に自分の縄張り（のようなもの）をもち、そのなかの数カ所に溜め糞場をつくり、他個体に対してそれをアピールしているのではないか」という可能性を、**実際に野外での溜め糞の状態を調べて検証する**、というものだった。


具体的に言えば、もしその可能性が正しいとしたら、

①カワネズミは溜め糞を、降雨で水位が上昇しても流される可能性が低い、**水面より高くつき出た石（岩）の上**にすることが多いのではないか。

②カワネズミは溜め糞を、**縄張りとして重要**な、餌を確保する**川の中央部付近**（河川敷や岸辺ではなく）**の石（岩）の上**にすることが多いのではないか。

③カワネズミは溜め糞を、糞が転がって落ちる可能性が低い、**面積が広い上面をもつ石（岩）の上**にすることが多いのではないか。

④カワネズミは、糞数が多い（二〇個以上を保持する）溜め糞を、縄張り（のようなもの）の端に行ない、その間に、糞数が

カワネズミの溜め糞場の調査の様子。同学年の小林ゼミのみんなが参加した

それほど多くないミニ溜め糞を行なう傾向が見られるのではないか（糞や体の分泌腺で縄張り宣言をすることが知られている動物では、**縄張りの端で"宣言"はより頻繁に行なわれる**傾向があることが報告されている）。

K・jくんは、標高三〇〇メートルくらいから遡（さかのぼ）っていく三本の川を対象にした。カワネズミが生息する川は少ないのだ。それぞれ一・五キロから二キロ程度の距離があり、そこを上りながら、一つひとつ石（岩）を見ていき、**直径と**（通常水位のときの水面からの）**高さを計測し、糞の有無と、**あったときは**糞の数を数えていく**ので

20個以上の糞がある立派な溜め糞

ある。結構大変な作業がはじまり、一カ月、二カ月と時は過ぎていった。

たまにMkさんが手伝ってくれ、同学年の小林ゼミの仲間も一度だけ参加した。

あるとき、Kjくんの手伝いをしたMkさんが私に言ったことがある。「Kjの体力はけた違いですよ」

けた違いの体力のMkさんが「けた違い」と言うのだから、**相当、けた違い**なのだろう。Kjくんが調べた石（岩）の数は、一七〇一個にのぼった。

結果について簡単にお話ししよう。

ちなみに、①～③に関する分析については、それぞれの項目に関する数値を四つの

糞の数が少ないミニ溜め糞

カテゴリーに分け（たとえば、①の通常水位からの高さについては、一〜九センチを「**低**」、一〇〜四九センチを「**中**」、五〇〜九九センチを「**高**」、一〇〇センチ以上を「**極高**」とした）、それぞれのカテゴリーに含まれる石（岩）の数を分母に、そのカテゴリーの石（岩）のなかで（ミニ）溜め糞があったものを分子にして、割合を求めた。

①の「水面より高くつき出た石（岩）の上にすることが多いのではないか」については、**予想どおり「高」の石（岩）で最も多く**、次が「中」の石（岩）だった。「低」や「極高」の石（岩）には溜め糞はほとんど行なわれず、統計的にはっきりとした有意差があった。Ｋｊくんは、この結果はＭｋさんの実験から推察されることを支持していると考えた。「極高」で溜め糞が少なかったのは（一二〇センチを超える石（岩）には溜め糞はまったく行なわれていなかった）次のような理由からではないかと考察した。**溜め糞のために「極高」の石（岩）に上るのにはそれだけのエネルギーを消耗する**。一方、増水しても「高」の石（岩）くらいの高さがあれば糞は流されないだろう。したがって、「極高」の石（岩）で溜め糞をするのは不利な選択だ、と。

②の「川の中央部付近（河川敷や岸辺ではなく）の石（岩）の上にすることが多いのではないか」についても、結果はこの予想どおりだった。岸に近い石（岩）には溜め糞は低い割合でしか行なわれないのである。

③の「面積が広い上面をもつ石（岩）の上にすることが多いのではないか」についても、予想どおりの結果が得られた。糞が落ちない程度には面積がある上面をもつ石（岩）であっても、カワネズミは、**より広い面積の石（岩）を好んで溜め糞を行なう**という、はっきりとした傾向が確認された。

最後の④「カワネズミは、糞数が多い溜め糞を、縄張り（のようなもの）の端に行ない、その間に、糞数がそれほど多くないミニ溜め糞を行なう傾向が見られるのではないか」については、確かに、調査した三本の川で、そういった傾向は見られた。溜め糞が連続して存在する一連の区域で、**糞数が多い溜め糞は、縄張り（のようなもの）の片方、あるいは両方の端付近に行なわれていた**。ただし、その〝一連の区域〟が、**一個体のカワネズミの活動範囲**なのかどうかは確認できなかったので、Ｋｊくんが得た結果の解釈は保留するしかなかった。

真無盲腸目トガリネズミ科のカワネズミとＫｊくんの話はこれくらいにして、次の動物についての話に移ろう。

次の動物も、真無盲腸目トガリネズミ科に属するのだが、やはり、私にとって、**大きな魅力**をもった、いつか調べてみたいと思いつづけてきた動物だった。

じつは、この動物を私は、もう一〇年以上前に、大学のキャンパスのなかで（それもヤギたちの小屋の裏側の草むらで！）発見し、えっ、**キャンパスのなかにもいるのか**、と感慨にふけったものだった。ただし、その動物は、生きてはいなかった。**死んでいた**のだ（ヤギに踏まれたのでないことは

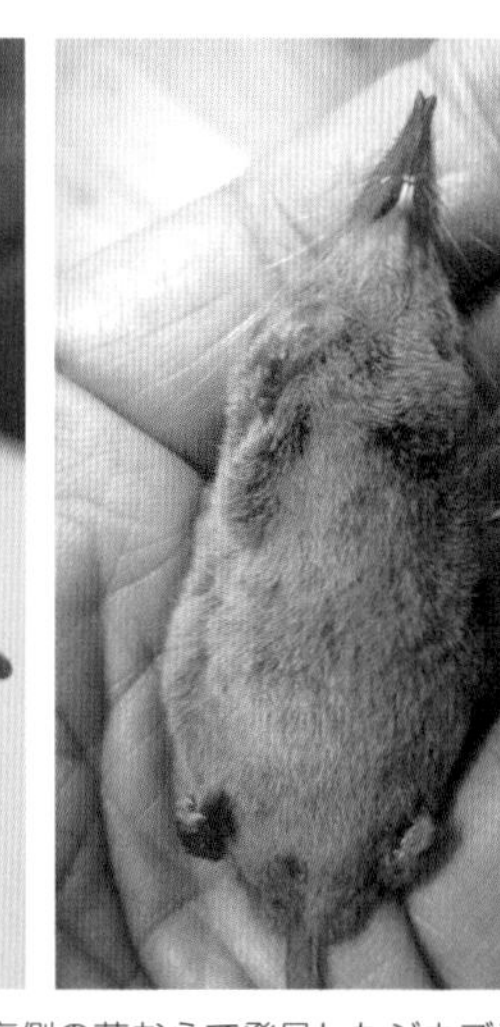

大学のキャンパスのなか、ヤギたちの小屋の裏側の草むらで発見したジネズミ。
残念ながら、生きてはいなかった

まず確かだ。形はそのままで、虫にもかじられていないし、死後、そんなに時間はたっていないと推察された)。

その動物と言うのが、Kjくんが次に〝絡む〟ことになった動物で、右ページの写真のお方だ。

**ジネズミ**だ(そのジネズミに、なんとKjくんは、いとも簡単にキャンパス内の驚くべきところで出合い!　ふれあい!　**そのまま、さよならしていた**のだ!　そして、それは、出来事が完了してから私に知らされたのだった!)。

えーっと、どこから話そうか。

確か、最初は、研究室で仕事をしていた私にKjくんからLINEが送られてきたのだ。

そのLINEには、「ロータリーのところで小さなネズミのような動物が、**母親らしき個体の後ろに連なって歩いていました**。何でしょうか」みたいな内容が書いてあったのだと思う。

そのときLINEに添付されていたKjくんが撮った写真が次ページのものである。

なにやら、ぱっとしない写真だが、私くらいの研究者になると、その動物が**ジネズミの子ど**

**も**であることがすぐわかったのだ。

Ｋ.ｊくんからのＬＩＮＥの文中にあった「母親らしき個体の後ろに連なって歩いていました」というのは、**キャラバン行動**と呼ばれる行動で、トガリネズミ科のジネズミやジャコウネズミなどで知られている独特の行動だ。**母親を先頭に、前の個体の尾の根元を噛んで**、子どもの数が多い場合には、それらが全部連なり、あたかも**ヘビのように長細い動物が、しなやかな曲線を描きながら移動しているように見える**。

そのＬＩＮＥを見た私は、**オーマイガッ**みたいになって、すぐＫ.ｊくんに電話したのだと思う。

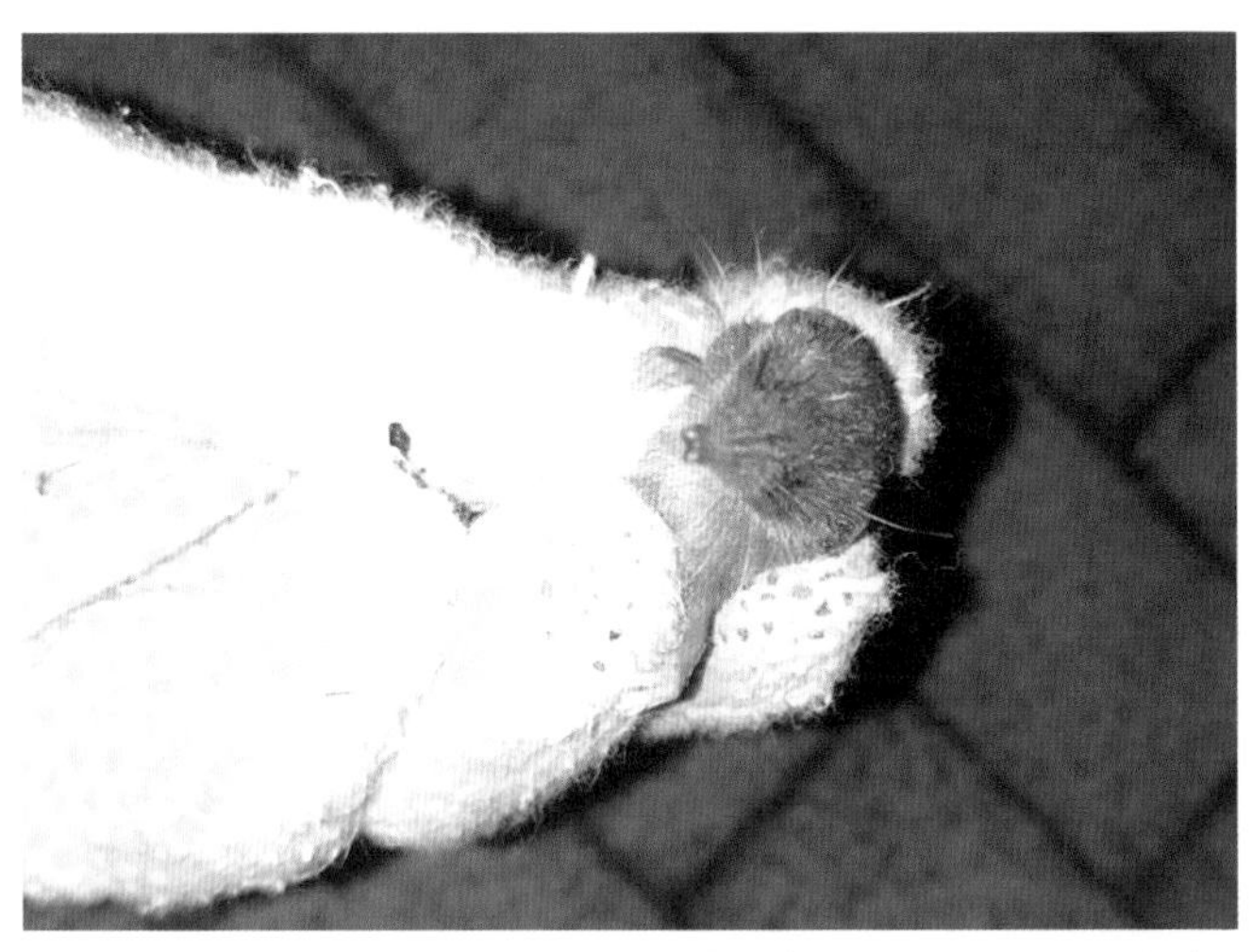

研究室で仕事をしていた私に、Kjくんから「ネズミのような動物」の写真が送られてきた。ジネズミの子どもだ！

するとKjくんは、**何事もなかった**かのように（**大変なことがあったじゃないか！**　という気分だったと思う。たぶん、私は）、「母親と五匹くらいの子どもがいました。ロータリーのアスファルトの上を連なって移動していました」と言ったのだ。

「で、子どもだけ捕まえたの？」と聞くと、**何事もなかった**かのように「全部捕まえようと思えば捕まえられましたけど、一匹だけ捕まえて、写真を撮って、ほかのネズミのところへもどしました」みたいなことを言ったのだ。

Kjくん、**キャラバン行動をしている母子ジネズミたちと、大学キャンパスの、アスファルトとコンクリートで囲まれたロータリーで出合う、という夢のような体験**を、きみはいとも簡単にやってしまうのか。

まー、いい。それはいいとしよう。

そして、確かに、Kjくんの行動は正しい。正しいけど、たとえば、母ジネズミに、「うちのゼミの先生はきみたちにとても関心があるらしいから、**ここでちょっと待っててね。先生に連絡するから**」みたいなこと言って、**「なんで、すぐに知らせてくれなかったの！」**（本章のサブタイトルはこうして生まれた）。

じつは、ここまでお話しした**「Ｋｊくん・ジネズミ発見・すぐ知らせなし」事件**の詳細は、今回、本章を書くまで、私の記憶からどこかへもぐりこんでいた。**ショッキングなことが記憶に上らないようにする（自己防衛的な）脳内機構**が働いたのだろうか。

ではどうして、おぼろげな点もありながら、出来事の経緯を書くことができたのか。それは、私が考え出した（ここだけの話だが）非常に独創的な「ＩＴ＋ヒト」融合型のシステムを作動させたからである。システムの名前は**「ヒューマン・クラウド」**と呼ばれている（私が呼んでいるのだが）。

**つまりこういうことだ**。

日ごろから、学生の教育・研究や学部長、そして今年からやることになった副学長としての仕事が多い（ほんとうである）私は、もともと記憶力に大きな問題（興味のあることは細部にわたるまで覚えているのだが、そうではないことは覚えられない）を抱えているところに加え、覚えておかなければならないことがいっぱいある。

そこでだ。あるときひらめいたのだ。**優秀なゼミの学生たちに〝クラウド〟になってもらお**

**うと。**

つまり、会議の日時や来客の予定、ヒトの名前など覚えておかなければならないことを（もちろん紙やスマホのメモ帳にも書いておくが）**学生たちに聞いてもらっておく**のだ。そして、急ぐときや、メモ帳を自宅に忘れたときなど、ヒューマン・クラウドに尋ねるのだ。

今回もそれを利用した……といってもよいだろう。

卒業していった学生たちは年度ごとにＬＩＮＥグループが残っており（時々誰かからメッセージが送られてきてグループで盛り上がることがある）、目星をつけていくつかの年度のＬＩＮＥグループに次のようなメッセージを送ったのだ。

「大学のロータリーあたりでジネズミを捕まえた人がいたと思うのですが、誰でしたかね。心当たりのある人はいませんか。どんな経緯だったか知りたいのです」

そしたらみんなから次々と返事が返ってきた。

「先生、お元気ですか？　残念ながら私は知りません」みたいな返事が。そして、そのなかに私が求めている返信があった。

**「それ、ぼくです」**……Ｋｊくんからだった。

ちなみに、それがK・jくんだとわかったからこそ、私は本章「真無盲腸目の動物とK・jくんの話」を書くことにしたのだ（おそるべし、ヒューマン・クラウド）。

私はすぐK・jくんに電話し、元気にやっていることを確認して喜び、それから、〝どんな経緯だったか〟を聞いた。

そうしているうちに、私の脳のなかでも、どこかにもぐりこんでいた記憶が、意識の発生領域に移動してきて、いろいろと思い出しはじめた。

こうして本章はでき上がったのだ。

# ヤギの体毛の夏毛と冬毛

そうか、やっぱり繊細な仕組みがあったのか

私はずっと前から思っていたのだ。

**「ヤギの体毛は、一年を通じて、じつに巧みな変化をしているにちがいない」**………と。

それはヤギたちの気温に対する耐性を知っているヒトなら、そして、動物に興味をもっているヒトなら、誰でも感じることだろう。

少なくとも公立鳥取環境大学のヤギたちは、キャンパス内の広い放牧場で、〇℃近くになる冬も、四〇℃近くになる夏も（雨風をしのぐ結構しっかりした小屋があるとはいえ）元気に過ごすのだ。ヤギたちの祖先野生種が生息していた場所は正確にはわかってはいないが（環境としては、ヤギたちの蹄（ひづめ）の形態などから考えて、乾燥した岩場地帯であると推察され、場所は西アジア周辺であったと考えられている）、**四季を通して温度の変動が大きい生息地**だったのではないだろうか。

先に言っておくが、ヤギは、低温や高温に対応して体色を変えるのではない。

大学のキャンパス内で体色の大きな変化を見せるのは、それは、まー、**ノウサギ**（ニホンノウサギ）だろう。春から夏・秋にかけては茶色、そして、冬は、真っ白（！）になるのだから。それはドラマチックなものだ。

ちなみに、読者のみなさんは、ノウサギが体色を、冬の真っ白から春夏秋の茶色に変えるとき、その変化がどのようにして起こるか、どう予想されるだろうか。一夜にして、手品のようにパッと変化するのだろうか。それとも、体全体が、白色から白茶色、薄茶色、茶色へと徐々に変化していくのだろうか。

正解は、「**冬の終わりに近づくと頭の先から茶色くなり、やがてその茶色の部分が拡大して体全体を覆う**」だ。

変化はいつも頭部からはじまり、春が近づくと頭部の先端が茶色になり、茶色の〝区画〟が、頭部から胸部、腹部、臀部（でんぶ）へと拡大していく（おそらく、脳の一部でつくられた色素の生産にかかわるホルモンが、血液によって頭部から下半身へと運ばれ、その作用が頭部で最初に現われるからではないかと私は考えている。シベリアシマリスが冬眠から目覚めるときも、まず頭部が動きはじめ、その動きが下半身へと伝わっていく。脳の一部でつくられたホルモンが拡散して、上半身を制御する神経系から下半身を制御する神経系へと、その活性を生起させている

ヤギの体毛の夏毛と冬毛

のではないだろうか。………**詳しく聞かないでいただきたい**。ちょっと難しそうな推察を書いてみたかっただけだから)。

逆に、冬が近づくと頭部の先端が白色になり、白色の〝区画〟が、頭部から胸部、腹部、臀部へと拡大していく。

また余談になるが、以前、私は、この体色変化の途中にある、大学林のノウサギに大変失礼なことを言ってしまったことがある。

三月のはじめごろだったと思う。大学林に隣接する駐車場に車を止めたときだった。雪は消え、枯れ草の残骸が林床を茶色に染めていた。

クヌギやシラカシがまばらに生えた二次林(ヒトによる伐採や自然災害による攪乱(かくらん)のあと成立した林)で、一〇メートルほど離れた先の木の根元の**〝物体〟に私の脳が反応した**(ヒトは、誰でもそうだが、脳内の神経系が先に反応し、そのあとで意識が発生する領域へ情報が送られる)。

それは**上半身(というか頭部+胸)が茶色で、下半身が白色のノウサギ**だった。

私は、実態をもっとはっきり見ようと、そちらを直視しないように気をつけながらゆっくり

ゆっくり近づいていったのだが、〝対象〟はまったく動かなかった。そして、はっきりと、柔らかそうな体毛や緊張気味の目を確認し、静かに、次のようなことを言ってやったのだ。

「もう白い雪は消えたから、**下半身も早めに茶色になったほうがいいよ**」と。

そして写真を撮らせてもらって、ゆっくりゆっくり後退し、授業で使う予定のシロアリ（この方はほぼ一生、体色は白）がなかにいる倒木へ向かっていった。

**ところがだ**。それから数日して、**結構大量の雪が降った**。そして、大学林の地面は白色に逆もどりし、やがて、茶色と白色のまだら模様が数週間、残ったのだ。

3月のはじめごろ、大学林で出合った体色変化の途中のノウサギ。頭と胸が茶色で、下半身が白色だ

〝上半身（というか頭部＋胸）が茶色で、下半身が白色のノウサギ〟の体は、さぞよい隠蔽色として機能しただろう。

**「失礼しました」**と心のなかで思ったのだ。

ただし、だ（また少し横道にそれてしまうが……）。ノウサギも今後はいっそう、気をつけなければならないことがある。それは温暖化の影響だ。

ノウサギの茶色の夏毛と白い冬毛の生えかわりは、おそらく脳の両半球の真ん中にある松果体が日長の変化を感知してメラトニンを放出することによって起こっている現象だろう。だとすると、今後、日長の変化具合は変わらないのに、温暖化がもっと進み、雪がとけるのがもっと早くなったとき、地肌が茶色になっても、まだ体は白色、という状況になるかもしれない。ノウサギにかぎらず、こういった具合で隠蔽色がむしろ逆に作用するようになる可能性があるのだ。

気候変動を抑えるべく、私も、公立鳥取環境大学の一教員としての努力を改めて誓うのだ。

**さてヤギの話だ**。ヤギの体色は、ノウサギのようには変化しない。もしヤギの体色がノウサギと同じように、白色から茶色、茶色から白色みたいに変わったら……ちょっと笑えるかも。**ヤギたちが白色になってきた。冬も近いなー**、とか、**ヤギたちが茶色っぽくなってきた。もうすぐ暖かい春が来るぞー**、とか。私の研究室の窓から見えるヤギの放牧場の風景に、また一つ、趣が増すにちがいない。

ヤギ部の世話当番が記録する「ヤギノート」には、「今日はコムギの鼻先の毛が白くなっていました。冬の到来も近いのでしょうか。そういえば、寒〜〜〜!」とか「今日、これまで尾のあたりだけに白色が残っていたメイが、体全体、完全に茶色になりました。春だ〜〜!」とか書かれるのだろうか。

ひょっとしたら、体色の変化で、ヤギたちの顔の感じが違ってきたりして……「えー、おまえ誰だったかなー」といったことになるかもしれない。

冬あたりから飼いはじめて「シロ」という名前にしたヤギは、春になったら名前を変えなければならないかもしれない。ややこしいことになる。

ひょっとしたら鳥取地方気象台から問い合わせの電話がかかってくるかもしれない。

「大学のヤギたちの体色はどうですか。**ヤギ天気予報が話題になっていまして……**」。ヤギ天気予報では、白い部分と茶色い部分がいろいろな割合で色分けされたマスコットヤギが画面を走りまわり、「月末には、春もいっそう近づき、**桜の蕾もちょうど食べごろになるでしょう**」とかなんとか言ったりして。でも、ヤギ天気予報がはずれたら、「ヤギ部の顧問は、ヤギにどんな教育をしとるんだ」といった苦情の電話が殺到したりして……。

ほかにも、いろいろ今は思いつかないような混乱が生じるかもしれない。こんな考えにいたった私は、**「あー、ヤギが日長の変化への対応として体色を変える動物でなくてよかった」**としみじみ思うのであった。

先ほど言い忘れたが、ノウサギやライチョウが冬に体色を白くするのは、雪のなか

個体によって日長への生理的反応が違ったら、同じ季節でも真っ白のヤギと真っ黒のヤギが存在することになるかもしれない！

で捕食者に見つかりにくくする、いわゆる隠蔽色としての対応であり、オコジョが体色を白くするのは、ノウサギやライチョウの場合と逆で、自分がねらう獲物に見つかりにくくするためだと考えられる。

その点、ヤギが体色を変えない理由には、捕食者が、あまり色を頼りに獲物を見つけるような習性の動物ではないことや、冬には安定して雪が降るような気候の地域で進化した種ではないことが関係しているのかもしれない。

ま―、品種改良などによって体色はいろいろなものができたが、いずれにせよ、体色が変化するという生理的特性を備えていないのだ。

**いよいよ本題に入ろう**。

冒頭に書いた私の思い「ヤギの体毛は、一年を通じて、じつに巧みな変化をしているにちがいない」だ。

ほんとうにそうなっているのだろうか?

そして、もしそうだったら、**体毛はどんな変化をするのだろうか**。

この問題に卒業研究で取り組んでくれているのが、わが小林ゼミのＴｄさんだ。Ｔｄさんは、一年のときからヤギ部に所属し、ヤギにしっかり接してきたヤギ好き、動物好きの学生だ。

ちなみに、ヤギは基本的には、餌を持ってきてくれる人にはそれが誰であろうと積極的に近づいていくのだが、餌を持たずに放牧場に入ったとき、ヤギは人によって行動を変える。ヤギたちが近づいていく人もいれば、明らかに離れていく人もいる。特にヤギが反応を示さない人もいる。そしてその**ヤギたちの行動の違いにはしっかりした理由がある**と、私はこれまでの経験から推察している。

**ヤギたちは学習するのだ**。自分たちに近寄って痒いところ（自分ではかけないところ）をかいてくれたり、穏やかな声で語りかけてくれたりする人と、荒っぽく接してくる人を。ヤギは人の顔や声を識別できると私は感じている（ヒツジでの実験はすでに行なわれており、ヒツジが人の顔を識別することは証明されている）。声に関しては、仲間のヤギの声を識別していることは、かつてゼミ生のＭｏさんが実験で明らかにしており、その能力をヒトの声に向ければいいだけのことだ。

その点で、Tdさんは、ヤギたちが近寄ってくる〝ヒト〟だ。もちろん私もヤギたちには好感をもたれているにちがいない（もう言うまでもない……たぶん）。

**以前、次のような実験をしたことがある。**

ヤギの放牧場を見下ろせる教育研究棟の屋上（言うなれば六階）から、私とゼミ生のUtくんが、ヤギたちの視界の端っこ（ヤギたちとの距離は五〇メートルくらいだっただろうか）で、**ヤギたちに向かって両手を上げ、振る**のだ（Utくんはヤギ部の部員ではなく、特にヤギたちと接する機会が多いわけではない。まー、キャンパスを移動するときヤギたちの視界のなかに入ったことは幾度となくあっただろうが）。

するとどうだろう。UtくんのときにはヤギたちはチラッとUtくんのほうを見るだけなのに、**私がやったときは、ほとんどのヤギがしっかり頭を上げて私のほうを見て、数匹の個体はしっかりとメーーと鳴く**のである。Utくんと私で二回ずつ試したが二回とも同じ結果だった。

私の顔か何かを識別して好感をもっているのだ、と考えて、私は満足して**「ほらな」**とかなんとか言った覚えがある（二回の実験では偶然の可能性も十分あるが）。

私の記憶で、ヤギたちから敬遠されていたのは、なんといってもヤギ部部員のＳｇくんだろう。

私は、Ｓｇくんは好感のもてる実直な人物だと思っているのだが、**ヤギたちの認知世界では、Ｓｇくんの見方は異なった**ようだ。ヒトとヤギ、種が違うのだから当然だろう。**Ｓｇくんがそばに来ると、さーーっと離れていた**。

ヤギの扱い方が少々荒っぽかったのかもしれない。まー、とにかく、ヤギたちはＳｇくんを認識していたと考えるのが妥当だろう。

また、横道にそれてしまった。ヤギの話

以前、ある実験をしたことがある。ヤギの放牧場を見下ろせる教育研究棟の屋上から、私とゼミ生のUtくんが、ヤギたちに向かって両手を振るのだ

をはじめると、いろいろなことが思い出されてこうなってしまうのだ。

さて、Ｔｄさんが調べている**「ヤギの体毛の季節的変化」**の話だ。

作業は、二〇二一年の三月からはじめた（今は、二〇二二年の三月である）。

二頭のヤギ（アズキとメイ）の背中の、〝尾根〟のすぐ下あたりから、二センチ×二センチの面積の皮膚の上の体毛を、皮膚すれすれのところから切りとり、体毛標本とした。

〝皮膚すれすれのところ〟から体毛を採取するには慎重なハサミさばきが必要であり、私も手伝った。一カ月に一回か二回、標本

屋上からヤギに向かって手を振るUtくん。私が手を振ったときとは明らかにヤギたちの反応が違った

を採取し、重さ、長さ、毛の中央部の太さを計測するのであるが、毛の太さ（直径）を計測するためには、ミクロメーター（顕微鏡で見えたものの長さや幅を測定するものさしみたいなもの）と顕微鏡が必要であり、これもなかなか慎重さと忍耐力が必要な作業である。

Ｔｄさんが春先から調べはじめ、まず感動したのは、ヤギの体表に見える体毛（仮に〝**上毛**（うわげ）〟と呼ぼう）の下には、細くて縮れたような体毛（仮に〝**下毛**（したげ）〟と呼ぼう）が、**「あの〜〜、私もいるんですけど〜〜」**みたいな感じで存在したことである。

なるほど、こいつが（イヤ、あとでわかってくるのだが、その存在が**体温保持に役立っている**ことがはっきりしてくる。〝こいつ〟と言っては怒られる）あるから、二種類の体毛での体温調節が可能になっているのかもし

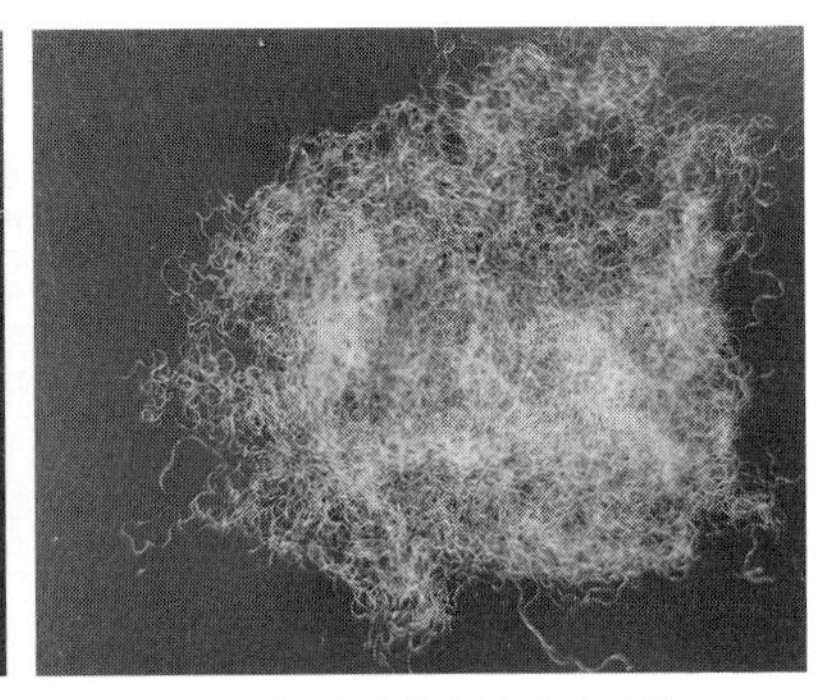

ヤギの体表に見える体毛（上毛）の下には、細くて縮れたような体毛（下毛）が「あの〜〜、私もいるんですけど〜〜」みたいな感じで存在する。驚きの発見だ！（上の写真の上毛は0.4g、下毛は0.3g）

れないぞ、と思ったのだ。Ｔｄさん、いい出だしだね。

その後の調査で、この下毛の性質と役割とが次のような推察もまじえて浮かび上がってきた。下毛は、ヒトの衣服で言えばウールのようなもので、空気の層をたくさんつくり、断熱効果が高い。そして、下毛は、春から夏にかけてまったくなくなり、秋から**（あの～～、また出てきたんですけどよろしかったでしょうか～～**みたいな感じで）現われ、だんだん量が増えていき、真冬には、かなりな量（約四平方センチあたり〇・三グラム程度）になった。

その傾向は、アズキとメイのいずれの個体でもはっきり確認された。

次のような意外な傾向もわかってきた。上毛の変化だ。

上毛については、「密度」が減少するとか、「長さ」が変化する、程度の予想をしていたのだが、あるとき（春から夏に向かっている途中）、Ｔｄさんが、こう言うのである。

**「先生、上毛がだんだん太くなってきています」**

Ｔｄさんも、最初は自信がなかったようだが、調査の進行とともに、二頭で安定して見られるこの現象の信ぴょう性に自信をもつようになってきたらしい。結局、暑い夏季に、上毛は一番太くなり、寒い冬季には一番細くなるということがわかった。

もちろん私も、その発見を聞いて喜んだ。

そして喜びつつ、(私くらいの動物行動学者になると)「とすると……」と考えていた。

上毛が、暑い時期に太くなり寒い時期に細くなるということは、気温への対応という観点からすると、どういうことなのか?


さっそく私はTdさんに、上毛の重さの変化を聞いた。すると、**「全体としての上毛の量(重さ)は、夏に最も少なくなり、冬にもっとも多くなる」**ということだった。

さて、読者のみなさん、読者のみなさんは、この結果をどう解釈されるだろうか。

Tdさんと私は、いろいろ話をして、次のような解釈をした。

「上毛は、冬は、細くなり全体としての重さは増す。一方夏は、太くなり全体としての重さは軽くなる。ということは、冬は、上毛の本数が増え、夏は減っているということではないか。

つまり、**冬は、上毛を細くして本数を増やし、空気の層を多くして(下毛の効果と同様に)断熱効果を上げている**のではないだろうか。**夏は、上毛を太くして本数を減らし、空気の層を減**

**少させ、断熱効果を低下させている**。つまり、体表を外気にさらして熱を発散させているのではないだろうか」

まー、今のところそういった感じだ。

いずれにしろ、**「細くて縮れた〝下毛〟の存在とその増減、〝上毛〟の太さと本数の変化」**はとても面白い結果ではないか。

こうやってヤギたちは、寒さや暑さに対抗しているのかと思うと感慨深い気持ちになる。

ちなみに、下毛と上毛の本数を全部数えるのは無理であること。それと下毛と上毛を電子顕微鏡で見たのだが、どちらも似た

体毛だけとっても、巧みな戦略で冬を生き抜いているのだなー。君たちは

ようなキューティクル構造で、細さだけが違っていた（下毛のほうが細い）こと以外は、取り立てて違いはなかったこと。この二点をつけ加えておく。

# ヒキガエルで新しい対ヘビ威嚇行動を見つけた

ダンゴムシとコラボした実験もとても価値があると思う

読者のみなさんは「日本科学技術ジャーナリスト会議」が選ぶ**「科学ジャーナリスト賞」**というものをご存じだろうか。

ホームページの説明では次のように書かれている。

科学ジャーナリスト賞は、科学技術に関する報道や出版、映像などで優れた成果をあげた人を表彰します。受賞者は原則として個人（グループの場合は代表者）とし、新聞、テレビ、ラジオ、出版といったマスメディアでの活動だけでなく、ウェブサイトや博物館での展示などまで幅広くとらえ、また、優れた啓蒙書を著した科学者や科学技術コミュニケーターなども対象としています。日本科学技術ジャーナリスト会議が設けた賞であることから、社会的なインパクトがあることを重視して選考されます。

私が本章「ヒキガエルで新しい対ヘビ威嚇（いかく）行動を見つけた」のイントロとして書こうとしている話題の時期（二〇一一年）の時点の選考委員は次の方たちだった（敬称略、五十音順）。

〔外部委員〕相澤益男（総合科学技術会議議員）、浅島誠（東大名誉教授、産業技術総合研

究所フェロー）、白川英樹（筑波大学名誉教授、ノーベル化学賞受賞者）、村上陽一郎（東洋英和女学院大学学長）、米沢富美子（慶大名誉教授）

〔ＪＡＳＴＪ内部委員〕小出五郎、柴田鉄治、瀬川至朗、滝順一、武部俊一

少なくとも外部委員の方たちは、全員、お名前は聞いたことがある、優れた研究をされてこられた著名な方たちだ。

で、これが、私のヒキガエルの話とどう関係するのか？　読者の方はそう思われるかもしれない。

**「私の、ヒキガエルについて書いた本が、科学ジャーナリスト賞を受賞した」**………というのなら話は早いが、そうはいかない。それはそうだろう。一年間に制作される膨大な数の〝科学技術に関する報道や出版、映像など〟のなかには、世の中をよくする大きな影響力をもったほんとうに優れた作品がたくさんあるだろう。私が書いた本は………、ひょっとすると、確かに、そのなかには、誰にも気づいてはもらえていないがじつはすごい内容を秘めたものもあるかもしれない。しかし、まー、ちょっと**そもそもベクトルが違う**と言えばよいのか。

**ところがだ。**当時、知人がとても喜んで知らせてくれたのだが、日本科学技術ジャーナリスト会議のホームページのなかに、次のような文章と、記載があったのだ。

科学ジャーナリスト賞２０１１の選定にあたり、一次審査を通過した作品は、次の13点でした（五十音順・敬称略）。

1　アカデミアと軍事
　松尾一郎、小宮山亮磨　朝日新聞
2「命を削る」を中心とした一連の高額医療問題キャンペーン
　高額医療問題取材班（代表、河内敏康）　毎日新聞
3　科学は誰のものか――社会の側から問い直す
　平川秀幸　ＮＨＫ出版
4　生殖・発生の医学と倫理――体外受精の源流からｉＰＳ時代へ
　森崇英　京都大学学術出版会
5　生物多様性とは何か

井田徹治　岩波書店

6　先生、カエルが脱皮してその皮を食べています！
小林朋道　築地書館

7　想像するちから――チンパンジーが教えてくれた人間の心
松沢哲郎　岩波書店

8　電子ブックで鈴木章氏の業績を解説
北海道大学ＣｏＳＴＥＰ　北海道大学ＣｏＳＴＥＰ

9「認知症を治せ！」
吉川美恵子、白川友之　ＮＨＫ

10　博士漂流時代「余った博士」はどうなるか？
榎木英介　ディスカヴァー・トゥエンティワン

11　閃け！　棋士に挑むコンピュータ
田中徹、難波美帆　梧桐書院

12「貧者の兵器とロボット兵器」
新延明、井出真也、伊藤純　ＮＨＫ

13「封印された原爆報告書」
春原雄策、松木秀文　NHK

**つまりだ。**（たぶん）一次審査を通過した一三点のなかに私が書いた**『先生、カエルが脱皮してその皮を食べています！』が入っていた**のだ。

右から順に作品のタイトルを読んでいった人は、**きっと私の本のところで笑ったにちがいない。**私も笑った。………『科学は誰のものか――社会の側から問い直す』『生殖・発生の医学と倫理――体外受精の源流からiPS時代へ』『生物多様性とは何か』ときて、『先生、カエルが脱皮してその皮を食べています！』、だ。

笑ったあと、すぐに思ったことはこうだ。

「いったいどの審査員の方が私の本を推薦されたのだろうか！」

**でも、だ。**私は思いなおした。

「先生！シリーズ」の第一巻『先生、巨大コウモリが廊下を飛んでいます！』から、「**面白くて、ためになる**（そして鳥取環境大学のことを知ってもらう）」ことを目指して、コツコツ、一生懸命、書いてきた本だが、やはりどう書いても、私のなかの、〝**世界の啓蒙につながる知性**〟がにじみ出てしまうのだ。『先生、カエルが脱皮してその皮を食べています！』（これはシリーズの第四巻にあたる）にだって、**なかなか深く鋭い思考がちりばめられている**にちがいない（それがどこかと言われると私も困るが）。それに、そう、そういえば、第三巻（『先生、子リスたちがイタチを攻撃しています！』）にだって、結構、現代社会が抱える問題について、その改善に向かう**本質的な示唆が記されていた**ような気がしないでもない（それがどこかと言われると私も困るが）。

そうか、そういったことをちゃんと読み抜かれた方がいたのだ。

まー、そんな感じの考え方に変えるようにしたのだ。

そういうことで、まずは『先生、カエルが脱皮してその皮を食べています！』で、ヒキガエルについて書いた内容をごく手短に思い出してから、本章のタイトルにした『ヒキガエルで新しい対ヘビ威嚇行動を見つけた』の内容に移っていこう。ちょっと長いけれど、『先生、カエルが脱皮してその皮を食べています！』をまだ読んでいない方のためにも、おつきあいいただきたい。

話題は大きく、二つあった。

一つは、本のタイトルにあるように、大学生になって都会で学んでいた私が夏休みに父母が住む故郷にもどったとき、谷川のそばの林のなかで「脱皮するヒキガエル」を見つけた話だった。

腰のあたりからめくってシャツを脱ぐように、**古くなった皮（！）を脱ぎ、その先端を口に入れてどんどん飲みこんでいくヒキガエル**がいたのだ。ヒキガエルが脱皮をどのようにしてはじめたのかはわからない。私が発見したときにはすでに、シャツ、じゃなかった、古皮を半分くらい脱いでいた。なにやら、密やかに行なわれる神聖な儀式のような気がした。古皮といっても全体が破れもせずにきれいにつながり、**乾燥させて畳んでおけば、また着られただろう。ほんとに。**


そして、そのときの記憶をより強固にしたのは、古い皮膚の下にあったヒキガエルの背中や両足のパンパンに張りつめたイボと、その表面にしみ出す透明の液体だった。

**背中全体が液体で光っているように見えた**。

私は、生物学を専攻していた学生なりに**「これは学術的にも価値がある場面かもしれない。**

**記録に残さなければ」**と思い、走って数分ほどの家に、道を下って急いで帰り、息を切らしながらまた上り、現場にもどってきた。ヒキガエルはシャツ、じゃなかった、古皮を全部脱いで全部食べてしまっていた。そのときにこっそり近寄り撮った写真が下のものである。

　やがてヒキガエルはゆっくりと動きはじめ、谷の斜面を上り、やがて下草のなかへと消えていった。私は、**貴重なものを見せてくれたヒキガエルに感謝し**、その場をあとにしたのだった（ちなみに私はその後、アカハライモリも同じように、〝乾燥させて畳んでおけば、また着られただろう〟と思えるような脱皮をすることを知った。ア

脱皮直後のヒキガエル。背中のイボがはち切れんばかりにふくらみ、透明な液体がしみ出ている

カハライモリも古皮を食べていた)。

もう一つの話は、「ヨーロッパヒキガエルで知られていた、**ヘビに対する威嚇行動**(というか威嚇姿勢と言ったほうがよいのかもしれない)」および「ヨーロッパヒキガエルに、その威嚇行動を起こさせる刺激が、**独特だが、とても単純な視覚刺激**であること(そういう刺激のことを動物行動学では鍵刺激と呼ぶ)」に関して、ニホンヒキガエルではどうなのかを調べた、という話だった。

私が、もう二〇年以上前になるが、高校で「生物」の教員をしていたときと、その後、大学の教員になってからの話だ。

横棒に逆Jの字が乗った形態のモデル(鍵刺激)に反応して体を上下に揺らすニホンヒキガエル

ヨーロッパヒキガエルによるヘビに対する威嚇行動は、ドイツの神経行動学者エワート氏が発見し、さらにエワート氏は、その威嚇行動が、独特だが、とても単純な視覚刺激によって引き起こされることを明らかにした。当時、**それはちょっと注目を浴びた研究**だったのだ。

結論から言うと、**ニホンヒキガエルでも同じ現象が見られる**のだ。ヒキガエルは、**「横棒に逆Jの字が乗った形態のモデル」**（これが鍵刺激だ）を正面で軽く揺らすと、相撲の「仕切り」のときのような姿勢で、**体を左右、上下に揺らす**のだ。

上下に揺らしたときは、ちょうど**腕立て**

まるで、腕立て伏せをしているようだ

**伏せ**のような動作になり（前ページの写真を見ていただきたい）、その動きには、なんとも見とれてしまう。もしかしたら、ヨーロッパヒキガエルの対ヘビ威嚇行動とは、多少パターンが異なっているかもしれない。論文だけからではヨーロッパヒキガエルの対ヘビ威嚇行動の詳しいパターンはわからなかった。興味深いところだ。

ちなみに、ヨーロッパヒキガエルもニホンヒキガエルも、この形態を備えたモデルでなければ反応することはない。たとえば、横棒がなかったり、上部の〝曲がり〟がなかったりすると反応せず、また、ゴムに色をつけてつくられた、形や色合い、目や口

鎌首をもたげて攻撃の気分になっているヘビの形態的特徴が鍵刺激になっているのかもしれない

など細部までヘビに似せられたものであっても反応しない。

おそらく、**鎌首（かまくび）をもたげて攻撃の気分になっているヘビの形態的特徴**を反映した鍵刺激ではないかと推察される。一方、ヒキガエルの〝仕切り姿勢〟威嚇行動は、「体を大きく見せる」とか「背中の毒腺をヘビに向ける」という動作によって、**ヘビに攻撃をためらわせる**効果があるのではないかと推察される。

以上が、『先生、カエルが脱皮してその皮を食べています！』に書いた、ヒキガエルをめぐる話の内容である。

その後、私は、時には学生に見せるために、時には私自身の興味から（たとえば、〝仕切り姿勢〟威嚇行動はヒキガエルがどれくらい大きくなったら発現しはじめるのかを調べるため）、野外調査のときに見つけたヒキガエルを連れて帰ってきて鍵刺激と出合わせる実験を行なっていた。

そして、ここからが、本章のタイトル**「ヒキガエルで新しい対ヘビ威嚇行動を見つけた」**の話である。

あるニホンヒキガエルに、「横棒＋逆Ｊの字」モデルを正面からではなく横側から近づけたところ、〝仕切り姿勢〟になることなく、**腹をふくらませたり、縮めたり……しはじめた**のだ。そして、（私にとっては、こっちのほうが迫力があったのだが）腹の〝ふくらまし⇕縮め〟に合わせて、**「シュー、シュー、シュー」**という音を出したのだ。

その音がどこから出てくるのかはわからなかったが、なにやら私自身が**身の危険を感じるようなヤバい音質**なのだ（余談だが、私はこれと同じ声を、巣箱を開けたとき、なかでヒナを守るかのように、母シジュウカラが発するのを何度も聞いた）。

「横棒＋逆Ｊの字」モデルを横から近づけたら、ヒキガエルは腹をふくらませたり縮めたりしてシューシューと音を出した。これは新しい対ヘビ威嚇行動かもしれない

読者のみなさんも、その音を聞いたらちょっと**「すいませんでした」**という気持ちになるにちがいない。間違いない。

ヘビにその音が聞こえるかどうかは不明だが（ヘビの専門家に聞いてみたがわからなかった）、少なくとも、腹の〝ふくらまし⇕縮め〟は対ヘビ威嚇行動のように思えた。そう、**ニホンヒキガエルにおける新しい対ヘビ威嚇行動**ではないか、と思うのだ（まだ論文では発表はしていない。でもじつはこの本は、論文に引用できる公式報告とみなされるのだ。知人の息子さんは、「先生！シリーズ」の第一巻『先生、巨大コウモリが廊下を飛んでいます！』を博士号をとるための論文の引用文献にした）。

その後、数匹のニホンヒキガエルで実験を行なってみたが、この新しい対ヘビ威嚇行動を行なう個体と行なわない個体がいた。進化中の行動だろうか（そりゃあ妄想しすぎだろう）。

では続いて、サブタイトルの**「ダンゴムシとコラボした実験もとても価値があると思う」**についてお話ししよう。

まずヒキガエルを広めの水槽のなかで飼育する。水槽の底面には、直径一〇センチくらい、高さ二センチくらいの、できれば透明の（それがなければ白っぽい）皿状というか、丈の低い筒（私は実験用のシャーレを使うが）を置いておく。餌容器として使うのだ。それから、休む場所として直径一〇センチくらい、長さ三〇センチくらいのビニールパイプでも置いておく。

餌はミミズが最高だけれど、昆虫でも、ワラジムシでも、そしてダンゴムシでもいい。

ヒキガエルにも個性があるから「絶対に」とは言えないが、ヒキガエルは精神的にタフな動物なので、

まずはダンゴムシを1匹、餌容器に入れる。ヒキガエルは容器のなかを歩きまわるダンゴムシを、じーーっと見て（右）、近寄っていってパクッと食べた（左）。口の先に、入る間際の舌先が写っている

実験は飼育しはじめてからすぐにでもできる。

最初の実験では、**ダンゴムシを一匹**（一匹だ！）、餌容器に入れて様子をみる。

ヒキガエルは、動きまわるダンゴムシに反応し、餌容器のところまで歩いてきて、容器のなかで動きまわるダンゴムシをじーーっと見ている。そして少しして、**電光石火、舌を出してダンゴムシをパクッと食べる**。

それを確認したら、今度は、餌容器に**ダンゴムシを二匹**（二匹だ。で

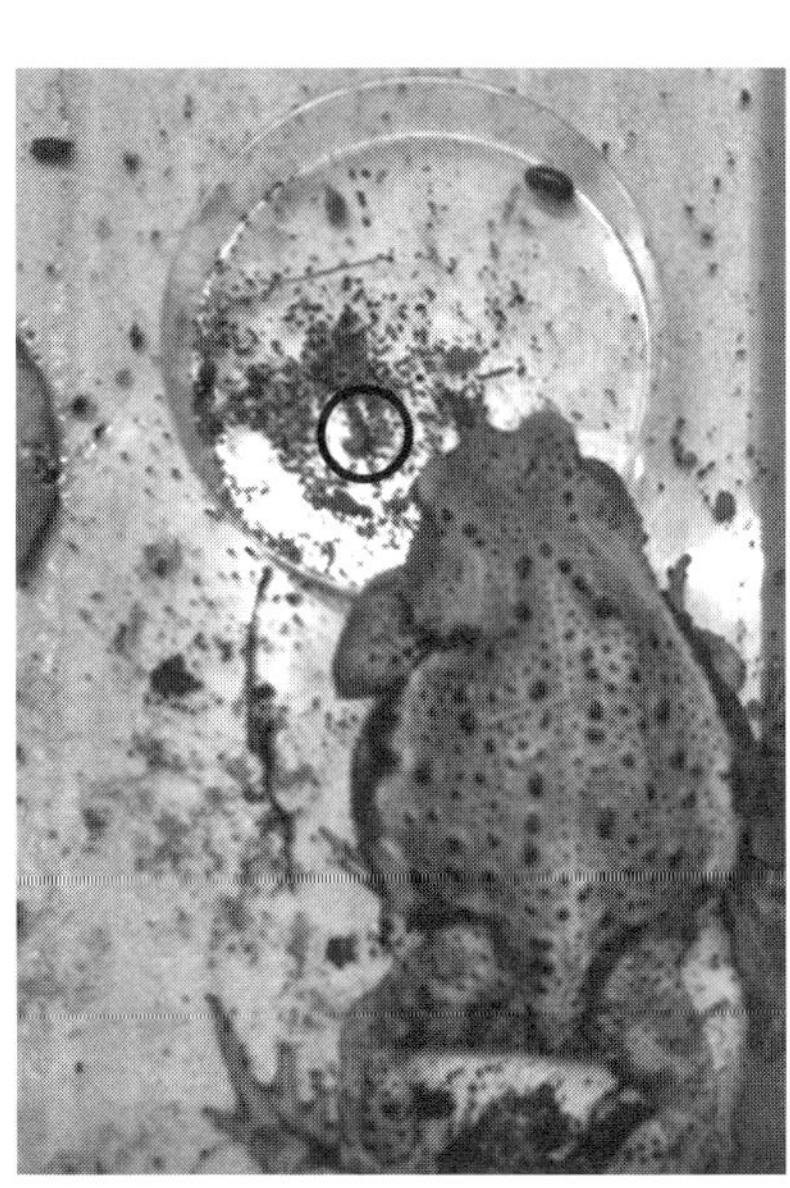

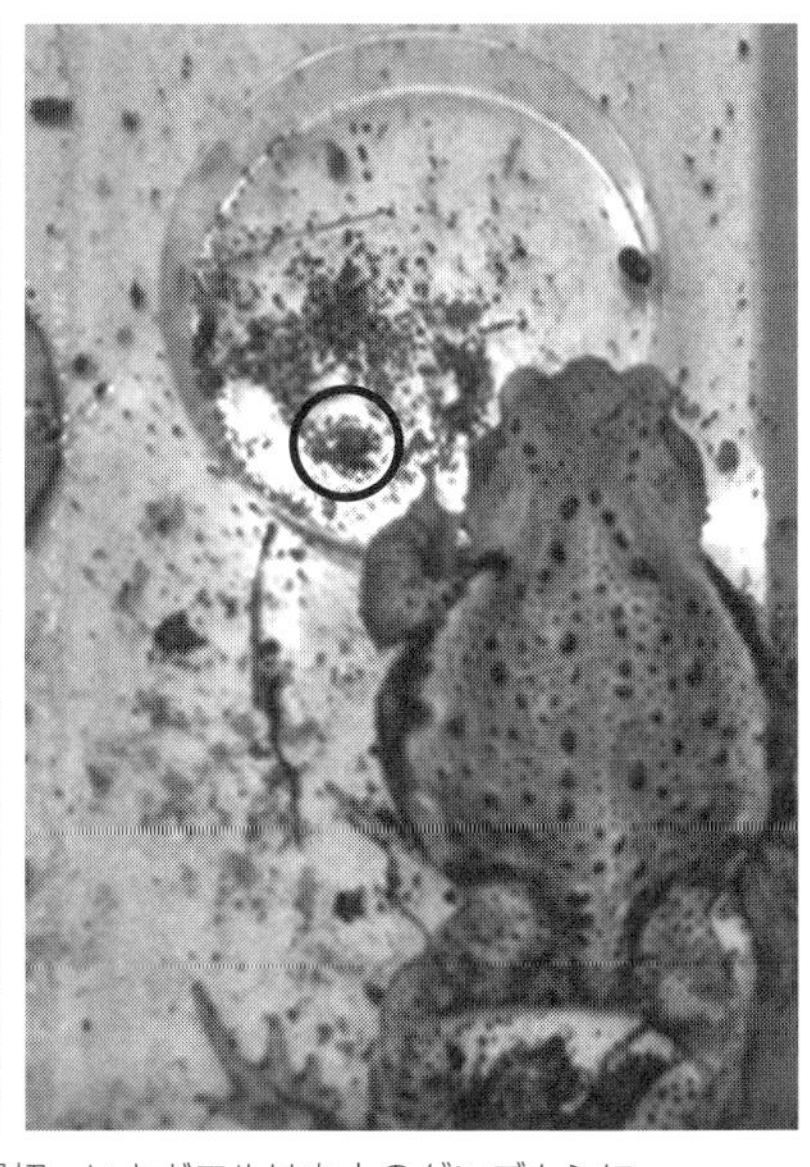

次に、ダンゴムシを2匹入れてみる。最初、ヒキガエルは右上のダンゴムシに目をやり近づく（右）。しかし、近づいたそのとき、すぐ左側でひっくり返って動くダンゴムシ（○印）に目がいき、そっちを向く（左）。そうこうしていると右上のダンゴムシの動きに注意が向き、そちらをねらおうとする。それが何度も繰り返されたあと、ヒキガエルは結局食べるのをあきらめてしまう

も三匹でもいい）**入れる**。

**するとだ**。最初、ヒキガエルは餌容器右上のダンゴムシに目をやり近づいていく。しかし、近づいたそのとき、ヒキガエルのすぐ左側で**ひっくり返って動くダンゴムシに目がいき**、そっちを向く。そうこうしていると右上のダンゴムシの動きに注意が向き、そのダンゴムシをねらおうとする。そういったことが何度も繰り返されたあと、**結局ヒキガエルは食べるのをあきらめてしまう**。

では、**八匹ほどのダンゴムシ**を餌容器に入れたらどうなるだろうか。

８匹ほどのダンゴムシを餌容器に入れたところ、ねらいの定めようがないためか、ヒキガエルは固まってしまった

もうヒキガエルは、〝群れ〟のように動きまわるダンゴムシたちを前に、固まってしまう。どうにもこうにもねらいを定めようがないからだ（ろう）。

これが、**餌になりやすい、そして、隠れることもあまりできない動物たちが群れやすい理由**ではないか、と思っている。というか、動物行動学で「群れることの（生存・繁殖上での）意義」の一つとして考えられていることである。

つまり、群れることによって捕食者のねらいをしぼりにくくし、**自分（たち）が捕食される可能性を低くしている**、ということである（もちろん被食動物たちは、そんな効果を意識してはいないだろうが）。

だから逆に、捕食者の戦略としては、群れから一個体が離れてくるのを待つ、あるいは、離れるように仕掛けるのである。読者のみなさんもテレビ番組やYouTubeなどで見られたことはないだろうか。ライオンがシマウマの群れを襲うとき、群れの周辺を回りながら刺激を与え、単一の個体が群れから離れてしまうように動いているのを。

ダンゴムシには申し訳ない話だが、**私はこの実験を気に入っている**。

動物が群れる生物学的な理由について必ず言われることの一つが「捕食者のターゲットになりにくいこと」だ。でもこのことを示す実証的な実験は見たことがない。そういう意味で、ヒキガエルによる「ダンゴムシとコラボした実験もとても価値があると思う」のである。

# Okくんは自分のニオイでヤギの脱走経路を発見した！

本業（？）はロードキルの動物の研究だったのだが………

Ｏｋくんは、私のゼミの学生で、私が顧問をしている生物部とヤギ部に所属する、哺乳類と鳥類が、私とは違った方向で大好きな学生である。

Ｏｋくんは（悪い意味に取られると本意ではないのだが）、**〝死体〟に目がない**。「外傷などによって、死体の目の部分が欠損している」という意味ではなく、（Ｏｋくんが）**死体が大好きだ、という意味である**。

哺乳類や鳥類の死体についての情報が耳に入ると、顔が輝く、ような感じ。

入手に懸命になる。

Ｏｋくんは、**なぜ動物死体がそんなに好きなのか**、読者の方はそう思われるかもし

ロードキルに遭ったタヌキ。被害に遭った動物を見つけたら、私はできるだけ周囲の草地へ移動させ、植物に囲まれた状態にしてやる

れない。

それはこういうことだ。

①**動物に興味があり、**いろいろな動物の骨格や毛皮や羽毛などを集めたい（学内外での自然関係のイベントでそれらを展示し、来場者に動物について理解を深めてもらうような活動も活発に行なっている）。

②動物のロードキル（動物が道路などで車にはねられて死亡する事故）について、その現状をより正確に知り、**それぞれの動物の習性に対応した対策を考える**研究を行なっている。

そう、**いたって健康な精神がそうさせるのだ。**

私のゼミを希望して面接に来たとき、Ｏｋくんはすでに研究テーマを固く決めていた。それが「ロードキルの被害に遭う動物の実態」である。Ｏｋくんは自主性に満ちあふれた学生で、二年生のときから独力で調査をはじめていたのだ。

ちなみに、このテーマについては、それまでに、いろいろな地域でたくさんの研究がなされていた。方法は、廃棄物処理場に運びこまれてきたときに記録として残された文字の資料を見せてもらい、動物の種類や個体数を整理して分析する、というものだった。

ロードキルで死んだ動物を回収し処理場に運ぶのは県や市が依頼した業者で、動物の種類と死体があった大まかな場所を記録したあと、〝一般廃棄物〟として焼却場に放りこむ（道路で死んでいる動物は一般廃棄物とみなされる。法律でそのように決まっているのだ）。

Okくんも同様の方法で、鳥取県の東部を中心に、動物（タヌキ、イタチ、ネコ、イノシシなど）のロードキルの被害の変化から、被害が起こる背景について、特に例数が多かった二種の動物（タヌキとイタチ）について仮説を立てていた。例数が多ければ仮説の検証が可能ではないかと考えたからだ。

(1)タヌキでは、九～一一月に被害個体数が増加するが、これは、**両親の縄張りから追い出された子ダヌキ**が道路に出て車にはねられるからではないか（春に生まれた子どもは親とともに行動し、秋になると親から離れる）。

(2)イタチ（ほとんどがチョウセンイタチと考えられた）については、二～四月に被害個体数が増加するが、これは、その時期は、雄による雌への求愛時期であり、一夫多妻構造という習性から**雄が複数の雌を求めて広い範囲を移動**するため、道路に出ることも多くなり、車にはねられることが増えるからではないか。

また、Ｏｋくんは、どんな場所で（人家に面した道路か、田畑に面した道路か、森に面した道路かなど）被害が多いかを整理し、森に面した道路ではねられる個体が多い傾向があることを見出していた。

これらの結果をまとめたＯｋくんは、学内で行なわれる学生研究のコンペに応募し、奨励賞（みたいなもの）を受賞していた。

そういった経緯もあり、Ｏｋくんは、私のゼミでも、ロードキルの被害をテーマにして研究を続けたいと希望したのだ。

話は変わるが、まだ一年生だったころのＯｋくんと生物部の懇親会か何かではじめて会ったときの印象は、「（ドラえもんに登場する）**ジャイアンみたいな学生だな**」だった。

体が大きく、髪型も含め体型が似ていたからだ。ただし、ジャイアンのような乱暴さはまったくなく、絶えず笑顔で人懐っこく（繊細さがちょっと……）、活発な学生だなーと思った。

ちなみにＯｋくんは、私が公立鳥取環境大学のサテライトキャンパス第一号として駅前のビルの一角につくられた「まちなかキャンパス」内にゼミ生たちとつくった「里山生物園」の四代目の園長として、コロナ禍で一時閉鎖されるまで頑張ってくれた。

さて、私のゼミを希望して面接に来たときのＯｋくんの話にもどるが、ロードキルの被害調査に関するこれまでのＯｋくんの研究の話を聞いて、まず、私が思ったのは、次のようなことだった。

Ｏｋくん（および、これまでロードキルをテーマに論文を書いてきたほかの人たち）がやってきた〝文字記録〟資料だけに頼った方法では、Ｏｋくんが立てた仮説も含めた、ロードキルに遭う原因となる動物たちの生態的特性に迫ることはできないだろう。

特に、Ｏｋくんが考えた仮説について検証するためには、ロードキルで死亡した動物を直接見て、性別や大きさ（成獣か未成獣か）などについて確認する必要がある。そして、そもそも、**業者の人の記録した動物の種類がほんとうにその種類なのか**も確認する必要がある（たとえばアナグマはタヌキによく間違えられる）。

その点についてＯｋくんに聞いてみたところ、廃棄物処理場に集められた動物を直接調べることは、法令や、業者の人たちの〝手間〟などが壁になって難しいと思うということだった。

一方、それを聞いて私は、**そこに研究の鍵がある、チャンスがある**、と感じた。その壁を乗り越えれば、ロードキルに関する研究の新しい展開があるのでは………みたいな感じ。

さっそく、私はネットで調べ、廃棄物処理を管理する行政の部署に電話をかけてみた。するとOkくんの予想どおり、動物死体の直接チェックは無理だと言われた。死体の保存や手続きが難しいから、といった理由だったと記憶している。

でも一つだけわかったことがあった。それは、**「動物死体の直接チェックは法令で禁止されているわけではない」**ということだ。

そうか。**だったら………**、次に私が考えたのは、長年、県の廃棄物関係の研究所に勤められていて、数年前にわが大学に移ってこられた廃棄物処理の超専門家、Mk先生に頼る、という**"寄らば大樹の陰"作戦**だ。

とても信頼できる先生で、私には、「Mk先生に頼めば何かが起きる」という予感のようなものがあった。

**そして、私の予感は当たっていた**。Mk先生に事情を説明すると、これまで培われてきた人脈も巧みに利用されながら、いろいろなところに連絡し、一段落したあと、私に言われたのだ。

**「なんとかなりそうですよ」**

その後、Ｏｋくんと私は、Ｍｋ先生のアドバイスにそって、県のいくつかの部署を直接訪ね（場所によってはＭｋ先生にも同行してもらえた）、アドバイスどーーりに行動し、われわれの計画は、一つひとつハードルを乗り越えながら、前へ進んでいった。

そして最後は、〝一般廃棄物〟が集められ焼却炉に投入される現場まで行き、現場を管理されている責任者の方と、動物の死体を直接確認する具体的なやり方を相談するところまでたどり着いたのだ。

なにぶん、はじめてのことで、試行錯誤だったが、なんとか妥協点を見出すことができた。責任者の方の英断である。

業者さんによって持ちこまれた死体を曜日ごとに分けてビニール袋に入れてもらい、火曜日と金曜日の持ちこみ作業が終わる午後四時過ぎにＯｋくんが行って、ビニール袋の死体を一個体一個体、袋から出し、種の正確な同定と、性別や体重、体長の計測などを行なわせてもらえることになったのだ。

さて、この作業、私も一緒に行ってしたことがあったが、**とにかく……臭い！**

死体もたいていは傷ついており、正面から見ると気の毒になった。

でもＯｋくんは黙々と作業を続けた。

ある日、何かについて話をしていたとき、Ｏｋくんはめずらしく真剣な顔で、言ったことがある。

**「ぼくは二〇〇匹以上の死体を見てきましたから」**

確かにそうだ。その言葉には確かに重みがあった。ジャイアンも時にそんな、重く頼もしい言葉を発することがある。

「二〇〇匹以上の死体を見てき」たからこそわかることがあるのだろう。

実際、死体に直接ふれて調べることによって、〝文字記録〟資料だけからではわからない貴重な情報をたくさん得ることができた。

まずは予想どおり、**アナグマも、ハクビシンも、「タヌキ」と記録されている場合が多い**ことがわかった。このことはじつは重要な意味をもっており、〝文字記録〟資料だけからの分析では間違った結論を導いてしまう可能性がある、というわけだ。

では、先に述べたＯｋくんの仮説については、これまでのところどんなことが言えるだろうか？　以下、仮説の復習。

⑴タヌキでは、九～一一月に被害個体数が増加するが、これは、両親の縄張りから追い出された子ダヌキが道路に出て車にはねられるからではないか（春に生まれた子どもは親とともに行動し、秋になると親から離れる）。

⑵イタチ（ほとんどがチョウセンイタチと考えられた）については、二～四月に被害個体数が増加するが、これは、その時期は、雄による雌への求愛時期であり、一夫多妻構造という習性から雄が複数の雌を求めて広い範囲を移動するため、道路に出ることも多くなり、車にはねられることが増えるからではないか。

まず⑴についてであるが、もし仮説どおりだとしたら、九～一一月にロードキル被害に遭っているのは、成獣個体より体重が軽い個体が多いはずである。

しかし、実際にはそうではなかった。**立派な成獣が多くはねられていた**のだ。

**残念ながら仮説ははねられた**。

では、⑵の仮説についてはどうだろうか。

結果は、「一一〜四月の被害個体は、**圧倒的に雄が多かった**」。

おっ、これは仮説を支持する結果ではないか。

今後の展開が楽しみだ。

ちなみにＯｋくんは、廃棄物処理場の人たちと仲良くなり、（まれにであるが）本来はなかなか実現しない〝恩恵にあずかっていた〟。

死体をもらってくることだ。

私が一つ、よく覚えているのは、フクロウの死体だ。

貴重な死体なのでＯｋくんが**熱い目で見つづけていた**のだろう。それを見て、処理場の責任者の方が、「持って帰っていいよ」みたいなことを言ってくださったのだろう。

Ｏｋくんはフクロウを解体し、羽や骨格の標本をつくっていた。

Ｏｋくんは、自分が道路で見つけた動物の死体も時々実験室に持ち帰り、解剖して毛皮を剥いで鞣(なめ)し、骨を一つずつ煮て洗剤で洗い、標本をつくった。

私は、そんなＯｋくんの行動が予想されたため、解剖用の机を**実験室の外の窓際**につくっておいた。それでも、ドアが開いているときはニオイが室内に入ってきた。

そんなころだった。

**本章のタイトルが「Ｏｋくんは自分のニオイでヤギの脱走経路を発見した！」となった事件**が起こったのは。ちなみに、その事件が、「動物死体の解剖を重ねたＯｋくんが、イヌ並みの嗅覚をもつにいたり、ヤギの足跡のニオイを嗅ぎとって追跡できるようになり、脱走経路を発見した！」とい

廃棄物処理場の責任者の方のご好意でOkくんがもらってきたフクロウの死体。Okくんはこのフクロウを解体し、羽や骨格の標本をつくった

うことではないことはお断りしておきたい。

まずは「キャンパス・ヤギ」のことからお話ししたい。

「キャンパス・ヤギ」とは、「大学のヤギの放牧場から自由に外に出て、放牧場周辺の除草などを行なってくれる**大学の大切なアニマルフレンド**」みたいなイメージを定着させようとして私が名前をつけ、ことあるごとに宣伝しているヤギである。ヤギ部が飼育しているヤギ群のなかの一頭で、名前は**「アズキ」**という。

話せば長くなるので、簡潔に言うが……。

二〇一四年四月ごろ、大学のヤギ群にある小さな雌が加わった。名前はメイといった。ヒトについてきてメーメーとよく鳴くからメイとなったのだと思う。確か。

ところが、この小さな雌のメイが、七月か八月になんと**出産した**のだ。

ヤギ部では、繁殖は時間的に無理なので、飼育するのは雌と決めている。つまり、メイが出産したということは、大学にやってくる前にすでに妊娠していたということなのだろう。**いや、ということなのだ。**

二匹のカワイイ娘が生まれ、幸いどちらも〝雌〟ということで、二匹とも、ヤギ部にずっといてもいいことになった（よかった）。

二匹は愛くるしさを振りまきながら放牧場内を走りまわった（特に私にはよく慣れて、ベンチの上から私に体全体を預けるようにジャンプしてくるのだ。いや、**人柄というのは隠せない**ものなのだろう。接しすぎないようにしていたのだが、いや、彼らには人柄がすぐわかったのだろう。**いや、困ったものだ**）。

そして、体が小さい子ヤギたちにとっては、柵などあってもなくても、物理的には関係ない。スッとすり抜けて、外へ出ていき、外で遊んでいた。

幼いころは放牧場の柵をすり抜けて自由に出入りしていた子ヤギたちだが………

そんな状態が続いたものだから、例によって、事務局から連絡がきた。

「先生、ヤギが脱走しているらしいですよ」、と。

そんなことを言われても、**ヤギ部としては困る**。なにせ、長径一五〇メートルくらいある楕円(だえん)形の放牧場の柵の隙間すべてに脱走を防ぐための処置を施すなど現実的に無理だ。だから、こう答えておいた。「もう少ししたら体が大きくなって**脱走できないようになりますから**」。事務局の方も納得したようだ。

**ところがだ**、人生、というかヤギ生、何

成獣になると、かなり腹をへこませないと出入りできない。だが、“やっていた”という思いこみのなせる業(わざ)だろうか、子ヤギのうち、角のないアズキだけは出入りしつづけた。ただし、柵内にいる“群れ”のそばからはあまり離れなかった。写真は柵の外から放牧場のなかへもどるところ

が起こるかわからない。二匹の子ヤギのうち、角が生えてきたキナコのほうは、それ相応の体長になった時点で柵抜けはやらなくなったのだが（おそらくある程度は〝角〟の存在も関係していただろう）、角が生えないアズキのほうは……**力業で、腹を柵の隙間を通れるほどにへこませ**、外に出ていくのである。そしてなかにもどってくるのである。

　これは私の推察だが、体長の増大は徐々に進むわけだから、「（それまで）**できていたことはできる**」と思うのが自然な思考ではないだろうか。その思考と、外での美味しい草の味が、アズキを、ほかのヤギにはちょっとできない極度な〝腹へこませ〟という力業へと導いた……。

　かくして、私の「もう少ししたら体が大きくなって脱走できないようになりますから」という事務局への返事は、**五〇年前の天気予報**のようになってしまったのだ。一つ救いがあったとすれば、アズキは一頭だけで外に出るので、（一頭だけで）群れから離れることを嫌がるヤギの習性によって、柵からあまり離れなかったということだ。

　でも、事務局の方から、また「なんとかしてください**（先生、話が違うじゃないですか）**」と連絡がくるのは時間の問題だ。**なんとかしなければならない**。

私は考えた。

柵の隙間をなんとかするのではなくて、（発想を転換して！）アズキに角のようなものをつけるとか、棒が突き出た首輪をつけるとか……。

**むーーー、だめだ**。もっとイイ案はないか。

そしてやっと思いついたのが、「**そうだ**。柵外で草を食べる一頭だけのヤギを、あたかもヤギ部の計画的な管理の一環のように思わせればよい！」だった。

**そしてキャンパス・ヤギは誕生した**。

柵のそばに看板も立てた。

「キャンパスヤギ!!　**脱走**じゃないです！　**外出中**です!!　気にしないで!!　byあずき」

それでも、特に新入生などで、看板など読むゆとりもない学生は、「ヤギが柵から出ている！」と、**好意で**事務局に連絡したり、（私がヤギ部の顧問だと知っているのだろうか）私の研究室に伝えにきてくれたりする。

事務局から電話があれば、「ああ、『**キャンパス・ヤギ**』**プロジェクト**をはじめたんです。柵のそばから離れませんから危険はありません」と答え、研究室に来た学生には、「あれはキャンパス・ヤギと呼ばれているヤギで……」と伝えた。あたかも**長ーい歴史**をもったプロジェクトのような雰囲気を漂わせながら。


ところが、まれにではあるが、**ヤギ全員が**放牧場の外に出て柵から離れたところまで遠出することがある。

部員からヤギ部のＬＩＮＥに、**「ヤギたちが外に出ています。来られる人は来てください」**みたいな悲痛な叫びが送られてくることがある。

そんなときは、私は、なるべくほかのことより優先して駆けつけることにしている。部員がかわいそうだと思うからだ。

対処は、いたって簡単だ。

〝駆けつける〟途中で大学林に寄り道し、ヤギたちが好む木（スダジイやコナラ、それにクズが絡んでいたら最高）の枝葉を採って持っていく。現場に着いたら、ヤギたちの集団のなかに入って、**「これ、持ってきたよ」**とかなんとか言って、それを掲げて振ってやるのだ。

するとヤギたちは、たいてい、我先にと寄ってくる。そしたら、**ハーメルンの笛吹き男のように**、植物を持ったまま（時々、腰のあたりまで下げてヤギたちに食べさせてやりながら）柵の出入り口へとネズミ、じゃなかった、ヤギを連れていく。

ヤギ集団脱走の原因はたいてい、前日の世話当番による出入り口の戸の閉め忘れだ。そのまま柵内に入って、植物を地面の草の上に置いてやると、みんなむしゃむしゃ食べる。**ハイ、オワリ**。

しかし、その日は、ちょっと様子が違っていた。

「ハーメルンの笛吹き男のように」までは順調にいったのだが、柵の出入り口まで行くと、戸はしっかり閉まっていたのだ（とりあえずは、戸を開けて、みんなをなかに入れたのだが……………）。

ということは、柵の、出入り口の戸とは別のところから出たということになる（みんながアズキのように極度な〝腹へこませ〟という力業を会得したとは考えられなかった）。**これは困った**。

**みんなが出ていったらキャンパス・ヤギではなくなる**。群れだからみんな安心してどんどん遠くへ行くだろう。

ずっと前に、親子でよく脱走していたヤギ二頭（クルミとミルク）は、大学の教育研究棟のなかにまで入って、ミルクのほうはさらに階段を上って（エレベーターを使った可能性がゼロではないが）、二階のトイレに入っていたのだ（ちなみに、**トイレを使いたかったからではないと思う**。可能性がゼロではないが）。

脱走場所を探さなければならない。これはちょっと困った。なにせ、楕円形の柵は長いし、柵の根元には草が生い茂り、柵全体の根元あたりの状態を調べるのにはちょっとした労力がかかる。

**でもやらなければならない**。こういうことは部員が苦手とする作業であり（ここが怪しい！という狙いをつけるには、草の状態や地面の状態などのちょっとした変化を感知する、経験にも裏打ちされた**野生の直感**が必要なのだ）、これまでも私がやってきたし、そのときも使命感のようなものをもっていた。

まずは、柵にそって外周を回ってみたが、やはり草などが邪魔をして、なかなか「ここが怪しい！」という場所を見つけることはできなかった。

ある部員が「脱走が起きたとき、サスティナビリティ研究所（大学内の機関）の近くの柵のほうに集まっていた」という情報をＬＩＮＥにあげていたので、そのあたりも注意して調べた。でも、それらしい（つまりヤギたちの脱走場所になりそうな）ところは見つからなかった。

ここでＯｋくんの登場となる。

実験室でＯｋくんと話をしていてヤギたちのことに話題が及んだとき、Ｏｋくんが言ったのだ。


**「それなら、ぼく、ヤギたちが出入りしている場所、知っていますよ」**

私は、すぐには、Ｏｋくんの言葉の意味がわからなかったのだが、続けて話を聞いていると、事情がわかってきた！（Ｏｋくんは、四年生になって実質的にヤギ部の名誉部員みたいになり、ヤギ部のＬＩＮＥを見ていなかったようだ。つまり、〝こと〟の重要性はわかっていなかったようだ）

なんでも、サステイナビリティ研究所と正反対側の、柵のすぐわきにネムノキが生えているあたりを歩いていたら、ヤギたちが柵の外で草を食べていたらしい。

外に出ていたらまずいんじゃあないかなと思って、一応、様子を把握しておこうと近寄ったら（ヤギは、たとえ柵外にいるときであっても、追ったりしなければ、特に、人を気にすることなく、行動を変えたりはしないのだが）、ヤギたちがいっせいに、すごい勢いで逃げ出し、ネムノキの近くの柵の下にもぐりこんだかと思ったら、柵の下から這い出して放牧場内にもどり、みんな小屋のほうへ走っていった……みたいな話だった。

サステイナビリティ研究所の正反対側、柵のすぐわきにネムノキが生えているあたりを歩いていたOkくんは柵の外で草を食べているヤギたちに出合った

要するに、ネムノキの近くの柵の下に〝出入り口〟ができている、ということだ！　**間違いない**。一件落着！につながる証言だ。

私は、**「そんな大事なことを、なんで早く教えてくれなかったの」**という気分になったが、そこはOkくんに感謝して、〝現場〟まで連れていってもらった。

そこで、Okくんが教えてくれた場所の草を押し倒してみたら、柵が斜面に設置してあるところの〝斜面〟の地面が崩れるように掘れていて、**これだったら、アズキでなくても外へ出られるわ**、と思ったのだ。

すぐに応急処置をして（地面が掘れている部分の柵の最下段のさらに下に、木の棒を二本取りつけた）、LINEで部員たちに知らせ、まー、とりあえず、**事件は落着した**のだ。

さて、「事件は落着」しても、話はここで終わらない。むしろ、**本題はここからはじまる**、と言ってもよい。

**なぜか？**

読者の方のなかには、感じられた方がおられるかもしれない。Okくんとヤギたちの一連の行動のやりとりのなかの不自然さ………。以下の部分である。

「様子を把握しておこうと近寄ったら（ヤギは、たとえ柵外にいるときであっても、追ったりしなければ、特に、人を気にすることなく、行動を変えたりはしないのだが）、**ヤギたちがいっせいに、すごい勢いで逃げ出し**、ネムノキの近くの柵の下にもぐりこんだかと思ったら、柵の下から這い出して放牧場内にもどり、みんな小屋のほうへ走っていった」

証拠はない。証拠はないが、私は、そこにいたるまでのさまざまな事実をつなぎ合わせて、そして、**ヤギたちの行動・認知特性**をずーっと見て

ここから脱走していたのか！　すぐに応急処置として最下段の横木の下に木の棒を２本取りつけた（矢印）

きた者として、次のような推察をするのだ。正しい可能性は高いと思う。

ヤギたちは、廃棄物処理場や、実験室外の解剖机で一生懸命作業するOｋくんの体に必然的にしみこみ、周囲へと拡散する、**タヌキやアナグマ、キツネ、ネコなどのニオイに敏感に反応した**のではないか。

これまでの実験っぽい試みから、個体差はあるとはいえ、多くのヤギは、ヘビや肉食系哺乳類のニオイをとても怖がることを私は体験してきた。特に、そのニオイと、ニオイを発する対象物が大きいときは怖がり方も大きくなる。

**ジャイアンのような大きな体の**（べつにジャイアンのように大きくなくてもよい。四つ足で正面から相手を見る動物にとって、ヒトという動物は、足から頭までかなりの高さがあり、大きい動物、と判断するだろうと動物学者たちは考えている）**動物**から、**肉食系の動物のニオイ**がしてきたから、それも、〝Ｏｋくんvsヤギ〟事件は少し暗くなった時刻に起こったらしいから、ヤギたち（のなかの数頭）はとても怖がり、**アウェイからホームグラウンドへ急いでもどっていった**のではないだろうか。

いずれにせよ、理由はどうであろうと、Ｏｋくんのおかげで、ヤギたちの集団脱走場所がわかり、処置してからは、**脱走はピタッと止まった**のだ。

このように、他章でご報告することになる、一緒に歩んできたヤギの死といった悲しい出来事も含め、**公立鳥取環境大学ヤギ部の物語は続いていく**のである（先日、学生サークルの映像研究部から、あるコンペに「鳥取環境大学ヤギ部の歴史」というドキュメンタリーを出品したいので制作への協力をお願いします、との依頼があった。もちろん協力しますよと答え、一度、研究室に撮影班がやってきた）。

これまでのヤギ部物語のなかで、**ヤギたちは、大学にもさまざまな貢献をしてきた**（と私は思っている）。

マスコミへのたびたびの登場によって大学の名前の広告になってきたし、直近では、公立鳥取環境大学の理念とまさに一致するＳＤＧｓ（二〇一五年九月の国連サミットで採択された、持続可能でよりよい世界を目指す国際目標）に関する本学の取り組みの一環である公立鳥取環境大学オンライン講座「とっとりＳＤＧｓ Ｅｙｅ！」では、全編でガイド役として活躍している。**次ページのような姿に変身して**。

講座はhttps://www.kankyo-u.ac.jp/about/environment/sdgs_online/で見られるので、興味のある方はご覧いただきたい。

なんだか大学の宣伝のようになってきたが、本章の結論は、「**Okくん、でかした！**（もう少し早く教えてほしかったけど）」というわけだ。

大学にいろいろな面で貢献してきたヤギたち。公立鳥取環境大学オンライン講座「とっとりSDGs Eye!」では上のような姿に変身し、ガイド役として活躍している

# シジュウカラは生きたシカやキツネから毛を抜いて巣材に使うようだ

## それを知らせた私のツイートへのコメントが面白かった

私は、ある会社のネットニュースサイトでコメンテーターをしている。コメンテーターといっても映像で顔が映るわけではない。音声が流れるわけでもない。顔は写真で登場し、それに続いて、私の四〇〇字以内のコメントが表示される。

**「コメンテーターになってもらえませんか」**という依頼があったのは二〇二〇年の一二月ごろだった。〝動物〟についてのニュースを担当してほしいということだった。

〝ある会社の〟ネットニュースサイトというのは、さまざまな新聞、雑誌、ネットに掲載された記事のなかから面白そうなものをセレクトし、カテゴリーに分けて、まとめて紹介しているサイトだ。

それまでネットニュースはあまり見る習慣がなかった。でも、四〇〇字ならばすぐ書けるし、負担になることもない。**新しいことをやってみるのはよいことだ**、………みたいな、そして、ニュースの内容をより深く、あるいは別の視点から視聴者に伝え、私の意見も少しでも書けるのなら、それはいいことだ、と思ったのだ。

ちなみに、私がコメントを書く記事はたいていその会社の編集部から「提案」として送ってこられたものだったが、たまに私自身が探して書くこともあった。最初は昼ご飯の時間に記事を探して書くようにしていたが、そのうちコメントを書く時間帯はバラバラになってきた。

仕事が終わって、………**「今日もよく働いた。さて、帰るか」**といったときだったと思う。パソコンを閉じようとすると、その日最後くらいのメールに、「この記事にコメントしていただけませんか」というタイトルの「提案」のメールが届いているのに気がついた。とりあえず記事を開いてみた。

窓の外が暗く、記事に添えられている写真とどこか似たデザイン（背景が暗く中央に、わが大学の哺乳（ほにゅう）類ヤギたちがかたまって地面の草を食べていた）だったのを覚えている。

記事の内容は、以下のようなものであった。

日本でもよく目にするシジュウカラ科の小鳥たちは、生きて動いているアライグマや眠っているキツネの体に飛び乗って体毛を引き抜いて巣材として使う。

イリノイ大学のジェフリー・ブラウン教授らが発表し、国際科学雑誌「エコロジー」（二〇二一）に掲載された論文をもとに書かれた記事で、論文のなかで教授は、多くのシジュウカラの仲間が行なっているのだろう、と述べている。

**これは面白い！**

私は帰宅前の数分で、コメントを書いてアップした。

私がこのニュースに、特に強く反応したのには理由があった（まー、たいていの出来事には理由があるのが当たり前だろう……）。

私は、鳥取県智頭町芦津渓谷の森でニホンモモンガの調査をしているのだが、調査の一環として、スギの木の地上約六メートル付近に巣箱を取りつけていた。そして、その巣箱を定期的に点検するのだ。

ニホンモモンガは、スギの葉や枝を主食にしている（スギの、あのとがった短い葉を食べるのだ。そればかりか、枝、つまり、スギの〝木〟を食べるのだ！）。そして、**スギの樹皮を細く、細く裂いて、ちょうど哺乳類の体毛のようにして（！）、巣材として使う**のだ。

私の実験によれば、ニホンモモンガは、さまざまな樹皮が提示されると、まず間違いなくスギの樹皮を選んで巣に運ぶ。そして、ニホンモモンガがスギの樹皮を裂いて、その繊維を厚く重ねてつくった巣は、断熱性や防水性にとても優れている。空気の層がたくさんできるためだと推察される。

巣箱は、一つの調査区域（三〇メートル×三〇メートル程度の広さで、スギの植林地とかイヌシデとブナなどの自然林とか、それぞれ特定の種類の植生の林）につき一〇個取りつけるのだが、調査区域は三〇カ所くらいあるから、**全部で数百個の巣箱を点検することになる。**

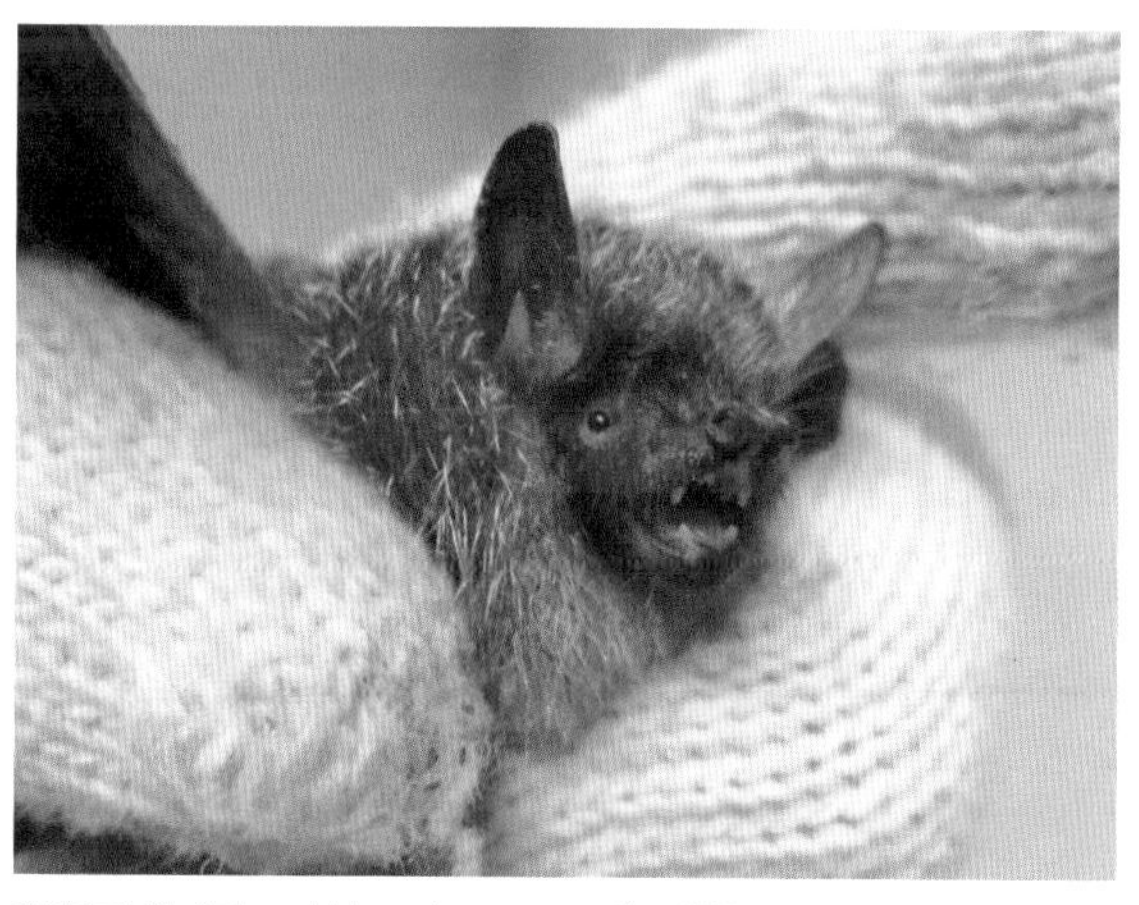

調査区域に取りつけたニホンモモンガ用巣箱のなかにいたコテングコウモリ。数匹の未成獣が一緒に入っており、突然蓋を開けられて驚いたのか、巣箱のなかで大騒ぎした

取りつけた巣箱は、ニホンモモンガ以外にも、いろいろな動物がねぐらとして、また繁殖場所として使ってくれる。

〝珍客〟と言うべき動物の一番手は、**コテングコウモリ**だろう。

この珍客には、一三年余りの調査のなかで二度、お会いした。いずれの出合いでも、数匹の未成獣が一緒に入っており、突然、蓋を開けられて驚いたのだろう。巣箱のなかで大騒ぎした。**私はうれしくて大騒ぎした**。

巣箱（自然状態では、樹洞（じゅどう））の入り口に泥を山盛り塗りつけて、お気に入りの巣にした動物もいた。

これには私も**「こんなことをする動物はいっ**

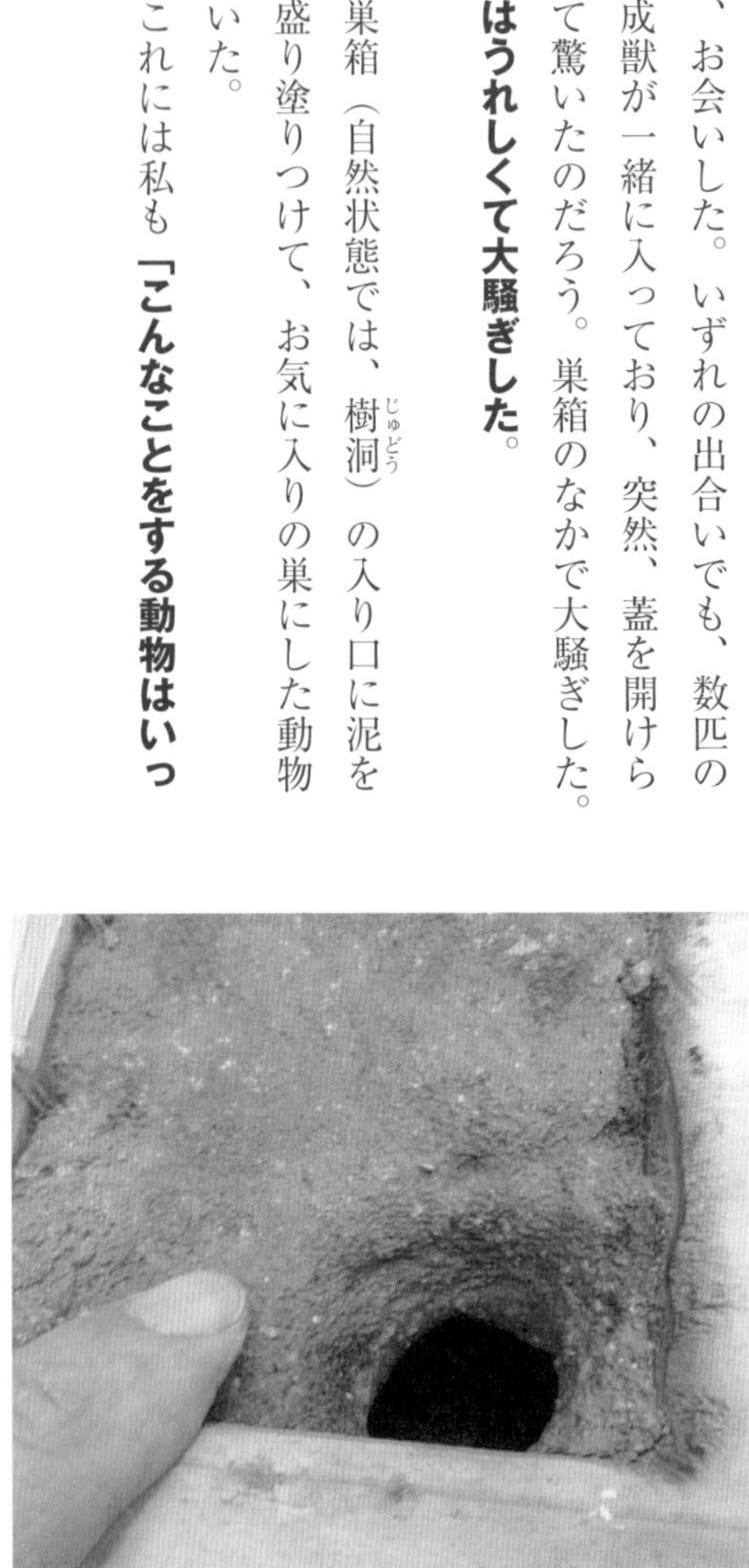

巣箱の入り口に泥を塗りつけ、入り口を丸くしていた。結構な量の土だ。
これはいったい誰の仕業!?

**たい、何なんだ」**………、さっぱりわからなかった。

でも、それだけたくさんの土を運べるということは、それなりの大きさで、力の強い動物にちがいない。

私の脳内のメニューには、こんなことをする動物は掲載されていなかった。**いったいこんなことをしたのは誰だろうか!?**

そして、その動物の正体がわかったのは(たぶん、間違いない)、そのときから数年たってからのことだった。


初夏のころだったと思う。〝入り口に泥を山盛り塗りつけ〟た巣箱があった調査区域から数キロ離れた調査区域で、**これまで出合ったことがない鳥**が、ブナの木の幹に、頭部を下にしてとまっているのを見たのだ。嘴(くちばし)から連続して、目を水平に横切り、後頭部へと走る黒い線が印象的だった。

**そうか!** もちろん私くらいの動物行動学者になると、それで、**一連の疑問は氷解した**。**ゴジュウカラ**だったのか。なぜ思いつかなかったのだろう。犯人は哺乳類とばかり考えていたことと、泥の盛り方が、なにやらいびつだったので(巣箱の入り口だけではなく、箱の内部にまでかなりの量の泥が投げやりっぽく入っていたのだ）、なかなかゴジュウカラが頭に浮かんでこなかったのだ。

間違いない。**ゴジュウカラの仕業**だ。確かに、ゴジュウカラは、巣の入り口を中心に、泥をくっつけて、**とっくりのような見事な入り口**をつくるのだ。まー、ゴジュウカラによっては、投げやりっぽい盛り土をする個体もいるだろう。まー、間違いない。

あとは、常連の**ニホンヤマネ**、そして、これもまたよくお会いする**マルハナバチ**だ（マルハナバチは、本来、アカネズミやヒメネズミの巣を利用するとされているが、丁寧につくられたふんわりあたたかなニホ

ニホンモモンガ用巣箱の常連、ニホンヤマネ

ンモモンガやシジュウカラ、ヤマガラの巣がとても好きらしい。彼らは、森で花を咲かせる草本、木本の花粉媒介者として重要な役割も担っている)。

　きりがないが、秋の繁殖期にだけ巣箱を利用する**ヒメネズミ**もあげさせていただきたい。秋の調査を楽しませてくれる愛嬌者で、その時期にしか使わないからだろう、**巣は、その辺の、容易に手に入ると思われる植物の枯れ葉**（ブナやイヌシデやスギやササや……）を何でも使って、〝出来合いの〟、いやちょっと言い方が失礼か、じゃ〝粗末な〟……**もっと失礼になったりして**、まーそーいった巣をつくるのだ。

同じく常連のマルハナバチ。マルハナバチは、本来、アカネズミやヒメネズミの巣を利用するとされているが、丁寧につくられたふんわりあたたかなニホンモモンガやシジュウカラ、ヤマガラの巣がとても好きらしい

下の写真は、巣箱のなかのそんな巣からそーーーっと、顔をのぞかせているところだ。

やっぱり愛嬌がある。

**さて**、そして、これまた、巣箱をよく利用するのが、本章の主役である**シジュウカラかヤマガラ**だ（私にはシジュウカラとヤマガラの巣の区別がつかないのでこんな歯切れの悪い書き方をせざるを得ない）。

ジェフリー・ブラウン教授らが報告したように、シジュウカラやヤマガラなどのカラ類は、**巣の外側はコケ**でつくり、**卵やヒナが直接接する巣の中心部は、獣の毛と思**

秋の調査を楽しませてくれる、愛嬌たっぷりのヒメネズミ。巣からそーーーっと顔をのぞかせている

**われる素材で覆う**。〝獣の毛〟には二種類あって、一方は、比較的**太くて直線的な毛**、他方は、いかにもふわふわとした、**細くてくねくねした綿毛のような毛**である。

春になり繁殖期を迎えると、山の雪はとけはじめ、私のモモンガの調査がはじまる。

モモンガ用にスギの木に取りつけた巣箱のチェックをしていると、私の周囲にシジュウカラやヤマガラが集まってきて、さかんに**ツッピー、ツッピー**と鳴くことがある。

私がチェックしようとしている巣箱のなかで巣づくりを終え、卵も産んだシジュウカラやヤマガラが、私にモビング（捕食者に対する威嚇（いかく）行動をそう呼ぶ）をしているのだ。

私は、素早くなかの巣をチェックし（親鳥は、そんなことで巣を放棄したりはしない）、写真だけ撮って巣箱のなかにもどしてやる。

獣毛は、おそらく、巣を離れることもある親鳥たちが、自分たちがいないときに卵やヒナが少しでも温かく過ごせるように、**空気層が多く、断熱効果の高い素材**として使っているのだろう。

ちなみに、こういった巣のつくりを見ると、私はいつも、**とある巣**を思い出した。

一度、ニホンモモンガがどれくらい大きな巣箱を好むのかを調べるため、それまで使っていた巣箱の三倍近い体積で、かつ、水がなかに入らないように、その出入り口だけに穴をあけたプラスチックの食品保存容器が、ちょうどすっぽり入るような木製巣箱をつくり設置したことがあった。

残念ながら、その労作の巣箱はモモンガたちには評判が悪く、二〇個くらいつくったにもかかわらず、なかに巣をつくってくれた心やさしきモモンガは一匹だけだった。**ところがだ。**その広い空間の巣箱（正確には、それにぴったりはまった食品保存容器）のなかに、なんと、**まったく隙間なく、ビッシリとコケを敷き詰めたシジュウカラかヤマガラ**がいたのだ。

スギの木に取りつけたニホンモモンガ用巣箱のなかに、シジュウカラかヤマガラが巣をつくっていた。卵を囲む獣毛には2種類あり、1つはまっすぐで太い毛、もう1つは細くてからまりあって柔らかそうな綿毛だ

卵が置かれる部分はほんの小さな一画にすぎないのに、これだけのコケを運ぶのはさぞ大変だっただろうに、**よくもまー運んできたなー**、と驚きを禁じ得なかった。

ちなみに、この巣は、一カ月たってからもう一度確認したときも、卵はまったくそのままだった。つまり、親鳥は、これだけのコケを集める作業で体力を消耗したのか、外敵にやられたのか、この巣にもどってくることはなかったのだ。

ニホンモモンガ調査の実習をしているときなどには、巣箱の外に出しても大丈夫（繁殖に影響しない）と思われる場合は、学生たちに巣箱のなかの巣材を見せてあげる。そして、その巣

モモンガたちには評判が悪かった大きい巣箱（にぴったりはまった食品保存容器）のなかの広い空間に、シジュウカラかヤマガラが、まったく隙間なく、ビッシリとコケを敷き詰めていた

をつくったのは誰なのか、なぜそんな素材でつくるのか、などなど話すのだが、シジュウカラやヤマガラの巣の場合、学生たちは巣を見てたいてい聞いてくる。

**「その動物の毛のようなものは何ですか?」**

私も〝その動物の毛のようなもの〟について造詣が浅かったころは、次のように答えた。

「哺乳類の毛だと思うよ。シカとか、イノシシとかの………」

すると今度は、次のように聞いてくる学生がいるのだ。

**「どこから取ってくるのですか?」**

まー、当然の疑問だろう。

私はまた答えるのだ。

「冬毛から夏毛への換毛(かんもう)のときに落ちた毛とか、死んだ個体からとかじゃあないかな」

ただし、そう答えはしつつも、私自身、そんなことでどのシジュウカラも十分な毛を集めることができるのだろうか、と**多少声が上ずったりして……**。

**以上**。

以上が（ちょっと寄り道のようなものもしたが）、私が、記事の内容「シジュウカラ科の小鳥たちは、生きて動いているアライグマや眠っているキツネの体に飛び乗って体毛を引き抜いて巣材として使う」に反応した理由である。

そうか、日本のカラ類であるシジュウカラやヤマガラも、落下した毛に加えて、眠っているシカやイノシシやキツネ（？）からも**毛を拝借（返さないけど）**しているのかもしれないな。だったら、毛の補充源はいろいろ増えるな、と思ったのだ。

**めでたしめでたし**。

さて、本章もほぼ終わりだ。

最後に、サブタイトルの「それを知らせた私のツイートへのコメントが面白かった」にふれてほんとうの終わりにしたい。

ある日ツイッターで、獣毛を中心に集めたシジュウカラかヤマガラの巣の写真をつけてブラウン教授の論文の内容を紹介したとたん、**スマホがブッ、ブッ、と鳴りはじめた**。

そのツイートに対する「いいね」や「リツイート」の反応がはじまったのだ。

結局、六〇〇〇くらいのリツイート、一・八万の「いいね」があり、そして、これまたたくさんのコメントがあったのだが、そのコメントの内容を見て私には、**ある思い**がわいてきた。

生きたウマから毛をむしるカラスや、イヌの抜け毛を持ち帰るスズメを目撃しました、という人が何人もいたのだ。………**つまりだ**、ブラウン先生、あなたが論文に書いたことは、日本だけでも、**たくさんの人がすでに〝発見〟していますよ**、ということだ。

権威ある国際科学雑誌に掲載された研究論文の内容を、ふつうに暮らす一般の人もすでに知っている………。そんなことがわかる技術時代になった、ということだろうか。

# クルミが逝った日

細身でオドオドしていたヤギが一生懸命生きた。
ご苦労さんと言ってやりたい

**二〇二一年、お盆の初日の金曜日だった。**

午後二時ごろ、ヤギたちに餌（サプリ的な）をあげようと放牧場に向かった（コロナ感染の関係で鳥取県下に特別警報が出されており、大学への学生の入構は禁止になり、その間、学生たちが毎日、当番を決めてやっていた餌やりと小屋の掃除を私がすることにしたのだ）。途中で寄り道して、ヤギたちが大好きなクズやスダジイ、アラカシ、コナラなどの枝葉も採って持っていってやった。

小雨が時折パラパラ落ちてきて不安定な天候だった。

柵の入り口を開けていると、入り口から五〇メートルほど奥にある小屋からコムギが顔を出してこっちを見ていた。

ヤギは雨が嫌いだ。湿気が嫌いだ。

家畜ヤギの祖先種は、西アジアの乾燥した岩場地帯に生息していたと考えられている。確かにそう考えると、蹄（ひづめ）の構造や太らない体質などが、生息地への適応としてよく理解できる。雨や湿気、寒さを嫌う性質もそうだ。

その日、時々雨が降る天気だったからだろうか。ヤギたちは小屋のなかから、ほとんど外に出ることはなかったが（研究室の窓から放牧場がよく見えるのだ）、私が、餌や枝葉を持って近づくと、好奇心旺盛なコムギが小屋から出てきて、それに続いてそのほかのヤギたちもあとを追うように出てきた。

私が地面の草の上に枝葉を置いてやると、我先に、と食べはじめた。

**一頭、いない**。その日、ヤギたちがあまりにも外に姿を見せなかったので多少不安になり、まず、数を見たのだ。

あと一頭は小屋のなかか。

ゆっくりなかをのぞいてみた。左の隅に白いものが見えたので、あー、ここにいたのか。あなたは外に出て食べないのかい。

そう思って全身が見える位置まで入ったときだった。

私は、声に出したかどうかはわからないが、少なくとも心臓のあたりが**「あっ！」**と言ったのは確かだった。

首が反り返るように曲がり、小屋の床のスノコの上に、顔も含め、完全に体半分が接するように横たわっていたのだ。目も耳も尾も、体毛一本動かなかった。まったく動かなかった。死んでいることがすぐわかった。**クルミであることがすぐわかった**。

心臓の鼓動が速まるのを感じつつ、傍らに座り、しばらく時間が過ぎた。体をなでてやった。目を閉じてやろうとしたが大きな目を瞼（まぶた）で全部覆うことはできなかった。

また少し時間がたった。これからどうしたらいいか考えた。家畜として登録されているので家畜保健衛生所に連れていかなければならないだろう。明日から、土日、つまり休日だ。今日連れていかなければ、二日間、この状態で寝かせておくことになる。この蒸し暑さのなかそれはできない。

まず家畜保健衛生所に（お盆だから休みかもしれないと思いながら）電話した。通じた。よかった。事情を説明したら、午後五時までに連れてきてもらえれば、死因の検査などをすることができる、ということだった。できるだけ早く連れてきてください、とのことだった。

もうゆうに一五歳を超える老齢個体だ。今年の冬を乗り越えられるか心配していた。私は、異例の長い雨のなか、蒸し暑さで、老化で弱っている体がもちこたえられなかったのではと推察した。

でも、前の日の夕方、午後五時くらいまでは立って歩いていた。それから急に容態が変化したというのだろうか。何か原因があるかもしれない、とも思った。

すぐにヤギ部のＬＩＮＥでクルミの死を伝え、私一人ではクルミを運べないので、誰かすぐ来られる人は連絡ください（特別な事情がある場合は、責任ある教員の指導の下での学生の入構は許可されていた）、と結んだ。

お盆だ。ひょっとすると、すぐに来ることができる部員は誰もいないかもしれない。体重五〇キロ以上はあるクルミを一人で運んで、大学の軽トラックに乗せるのは無理だろう。

軽トラックを大学のパソコン画面で予約し、警備室で車が使えることも確認した。

あとは学生たちからの連絡を待つだけだ。

**ブッ！**

すぐにスマホが鳴った。Ｓｕくんからだ。

「今から三〇分以内に大学に行きます」

**ブッ！**

Ｔｋさんからだ。

「一五時三〇分までには大学に着くようにします」

**ブッ！　ブッ！**

もう十分だ。

「集まりました。もう大丈夫です。一五時三〇分に大学を出発します」とＬＩＮＥで伝えた。

四人、集まってくれた。

警備室で鍵を借り、車庫から軽トラを出し、小屋のすぐ近くに止めた。

荷台に用意していたシートを敷き、四人が体を抱えてクルミを小屋から出入り口まで運び荷台に乗せた。


**その間、起こったことを私は一生忘れない**と思う。

**四頭のヤギたちが、小屋の前に立ち並び、大きく低い声で鳴いたのだ。**

ヤギたちのそんな行動は、それまで見たことがなかった。そんな声は聞いたことがなかった。コムギが列から離れて前へ進み、小屋と、放牧場の出入り口のちょうど真ん中あたりまで進んで止まった。そしてまたみんなが鳴くのだ。

クルミは七年ほど前、娘のミルクを亡くした。それからはコムギと一緒にいることが多かった。

「みんな、わかってるんだ」……そんな言葉が自然に口をついて出てきた。胸いっぱいにわき上がった思いがそんな言葉になったのだ。

ヤギたちと部員三人が見送るなか、Ｎｓくんに助手席に乗ってもらい、大学を出発した。二〇分ほどで家畜保健衛生所に着いた。

若い男性の人と、獣医さんらしい若い女性の人が待っていてくださった。

一応、解剖して体内の状態を見るらしい。解剖するらしい部屋に、Ｎｓくんと二人でクルミを運び、昨日からの状況について私が話をした。

それで私がやるべきことは終わった。

**これが最後だ**。

クルミの顔をしっかり見て体をなでてやり、車に乗った。

「よろしくお願いします」とだけ言って家畜保健衛生所をあとにした。

大学にもどり、Ｎｓくんにお礼を言い、軽トラを車庫にもどし、シートを洗って研究室に帰ってきて椅子に座った。

それからだ。私の頭のなかで、クルミが、いろんな顔や姿で、いろんな事件を起こしながら、元気に動きはじめた。一三年間のつきあいだから、いろんなことがまじりあったり、フェードインしたり、声が聞こえたり……そりゃあきりがない。

**たとえば、こんなクルミの面影だ。**

大学に娘のミルクと一緒にやってきたころのクルミは、スマートな、どこかオドオドしたヤギだった。すぐ目についたのは、歩くとき左前脚を踏み出すと、少し左肩が下がることだった。

理由は、脚を見てわかった。

左側の前脚に先天的な異常があり、足の部分には蹄がほとんどなく、その上の脚部の長さも明らかに短く、全体として、左前脚は右前脚より短かったのだ。

入部したときは、ほかのヤギたちはクルミ母子に敵対的に接した。

そんなある日、古参ヤギのコハルは、娘のコユキを後ろに従え、クルミ母子に迫った。クルミは後ろにミルクを従え、正面から立ち向かった。先頭の母親同士はにらみあい、続いて、激しい頭突きがはじまった。**両者とも一歩も譲らなかった**。

クルミのどこに、あんな闘志があるのか。力があるのか。見つめる私の前で、やがて両者は別れ、その出来事以来、クルミとミルクは群れのなかに溶けこんでいった。

クルミは、見た目、平凡なヤギだったが、実際は**平凡どころか、とても非凡なヤギだった**。

非凡さの一つは、その跳躍力だった。**よく脱走し**、その方法がなかなかわからなかった。でもやっと部員が現場を見た。クルミは、ほかのヤギにはとてもできない**「柵を飛び越える」**という方法で脱走していたのだ。

放牧場全体の柵を高くすることは、あまりにも総延長が長すぎるためできなかったので、放牧場の中央あたりに、クルミとミルク専用の柵をつくり、小屋もつくり、散歩のとき以外は、そこで飼うことにした。

ところが、クルミは、外柵よりかなり高くしたその柵も飛び越えて脱走しはじめたのだ。私はクルミを**「ペガサスを目指すヤギ」**と呼んで悲しんだ。

というのも、クルミは、放牧場の外に出て、**けっして食べてはならないもの**を食べるからだ。

私より一回りご年配だったT先生が、中国から持って帰られ、教育研究棟の出入り口に植えられていた**大変大変貴重なバラ**を食べてしまったのだ。

T先生が、私の部屋を訪ねてこられたのは言うまでもない（私はT先生バラバラ事件、いや、クルミT先生バラ食べ放題事件

クルミがずば抜けた跳躍力で柵を飛び越える瞬間。まさかこんな方法で脱走していたとは………

の発生をただただ謝罪し、**再発の防止を約束**したのだった)。

そして、もう脱走しないようにと柵を高くしたのだが、**その完成後すぐ脱走し**、これまたT先生が中国から持ち帰られて、教育研究棟の裏で鉢植えで育てられていた**アサガオを、根こそぎ**食べてしまったのだ。柵はさらに高くされたが、その作業を、クルミは普通の顔をして眺めていた。

T先生にはほんとうに申し訳ないことをしたが、クルミもほかにも食べるものがあったのになんでまた。**罪の意識のかけらもない元気な表情**は少し笑えた。

あるときは、ミルクまで、クルミと一緒

まるでペガサスのようだ

に放牧場から脱走したことがあった。

夜一二時ごろだった。その日、私も遅くまで大学にいた。帰宅のため車に向かう途中、駐車場に面した林のなかから、**ヤギの、断末魔のような鳴き声が聞こえた**のだ。急いでその方向に走っていくと、駐車場と林の境目にある街灯に照らされてミルクが立っていた。待っていたかのようにこっちを向いていた。

鳴いているヤギがクルミであることを確信した。

ミルクが林のほうへ歩いていった。急いで私はあとを追った。

そこには、コナラの大木の二股に分かれた枝に片脚を挟まれ、もう一方の脚を幹の表面にかけて、立ったような姿勢のクルミがいた。立ち上がってコナラの葉を食べていて、片方の脚が滑って枝の股（枝と言っても両方とも太い枝だ）に挟まり、取れなくなっていたのだろう。もがくたびに脚は股に沈んでいき、痛みが増していたのだろう。

ひょっとしたら骨折しているかもしれない。でもほかに方法が思い浮かばなかったので、**私は渾身の力をこめてクルミの体を慎重に抱きかかえ**、股に挟まっている脚もろとも**全身を持ち上げ**、ゆっくりと地面に下ろしてやった。緊張の瞬間だった。もし脚が折れていたら立てないかもしれない。

幸いクルミは四肢で立ち、林の斜面をゆっくり下りていった。

そのあとにミルクが寄り添う。ヤギは母子関係が生涯続く動物なのだ。

ミルクは、私がクルミを救出したあと、私の体に頭をこすりつけてきた。深夜の、林のなかでの出来事だ。私には**「母さんを助けてくれてありがとう」**のように感じられた。

**一方クルミは？**　クルミは私のほうを振り向くわけでもなく、ゆっくりと歩いていった。**何かあってもいいいんじゃあないの**、と私は思ったが、クルミらしくもあった。でも、これも科学者らしからぬ判断だが、その日以来、クルミの私に対する行動に変化があったような気がする。いつものように、あっけらかんとして、それでいて今までより、穏やかに私を見るクルミの顔が思い出された。

その後、娘ミルクを亡くして元気がなくなっていたが、**新しいヤギたちも入部し**（そのなかにコムギもいた）、だんだん元気になり、体も一回り、二回り大きく、がっしりしてきた。ヤギ部初代の伝説のヤギ「ヤギコ」に迫る体格になり、五頭のリーダー役を務め、放牧場のなかでの草を食べる場所や移動のタイミングを決める存在になっていた。

相変わらず、肩を揺らしながらゆっくりとした足取りでの移動ではあったが、いつも堂々としていた。

その間に私にもいろいろなことがあった。そんな出来事とともにクルミのことがあとからあとから思い出されたのだ。

放牧場に行ってももうあの顔が見られないのかと思うと、もちろん悲しかった。悲しくないはずはない。

**そのとき、私は科学者ではなかった。**でも、ヒトと動物の間の関係についてまた一つ、科学的な見地からも、とても大切なことを学んだ時間でもあった。

解剖の結果は、「………寿命による自然

ご苦労さん、クルミ

死と推測されます」だった。細身でオドオドしていたヤギが一生懸命生きた。**ご苦労さん**と言ってやりたい。

# ニホンモモンガの子どもは家族のニオイがわかる！

## 子モモンガたちの「ガーグル、ガーグル、ガーグル」が今でも私の脳内に響いている

## 「ガーグル、ガーグル、ガーグル」とは何なのか？

読者のみなさんは、まず、そう思われたのではないだろうか。

それについては追々お話しするとして……まずは、**二匹の子モモンガ**の話からはじめよう。

調査地の芦津（あしづ）の森から、研究用に大学に連れて帰った母子モモンガの子モモンガが、数週間後、巣箱から外に出るようになった。生後一カ月半といったところだ。子は二匹いた。

ちなみに、子モモンガとのつきあい方は、私にはお手のものだ。三年前、子を生んでいることを知らずに巣箱ごと大学に連れて帰ったモモンガの母親が不慮の事故（エアコンが止まってしまったのだ）で亡くなり、私は残された三匹の子どもたちを親がわりになって（大変だった）、授乳から育て上げた経験をもつからだ。餌を与え、さまざまな訓練も行なって無事、森に返した三匹の子どもたちのことは、もう、一生、忘れることはないだろう。

幼いころのニホンモモンガは警戒心が弱く、ほかの多くの動物の子ども時代と同じく、好奇心旺盛で、未知の場所に積極的に近寄ろうとする。私が手を近づけてもあまり逃げない。容易に、頭をなでたり背中をさすったりすることもできた（だから行動の実験にはもってこいの存在でもあった）。

初夏のある夜のことだった。飼育室に行って明かりをつけてみると、そんな**二匹の子モモンガが（巣箱からではなく）飼育ケージから飼育室に出ていた**。

姿は見えなかったが、状況からわかった。

まず、ケージの外の床に置いていた水が入ったペットボトルが倒れていたり、机の上の記録用のノートやペンが散らかっていたりした。「ちょっとごめんね」と巣箱のなかをのぞくと、母モモンガだけが巣箱のなかにいた。

つまり〝二匹の子モモンガが（巣箱からではなく）飼育ケージから飼育室に出ていた〟のだ。

理由？　理由は、これしかない。

前日の夕方、餌やりが終わったあと、いつもは念のために行なう、**ある「こと」をやっていなかった**ためだろう。ある「こと」というのは、ケージの出入り口を閉めたうえで、さらに、**ダブルクリップで挟む**、という行為である。

成獣のモモンガなら、まず、通常どおりの操作でよいのだ（出入り口を下げてそのままにしておく。そうすれば出入り口は重力でそのまま維持され、力をかけて持ち上げないかぎり開いたりはせず、成獣はそんなことはしない）が、ごくごくまれに、何かのはずみで出入り口が開き、モモンガが外へ出てしまうことがあるのだ。まあ数年に一回か二回、あるかないか、くらいのまれなことだ。でも私としては、**起こりうる可能性があることには対処しておこう**と思い、ダブルクリップで止めることにしている。

ところが、たまたまそれを忘れたその日、ケージのなかには、好奇心旺盛なチビたちがいた、ということだ。

おそらくチビ助たちは、偶然、出入り口を手で持ち上げたか、鼻をさしこんでいたら出入り口が持ち上がったか……まー、そういった感じだろう。

でも二匹とも外へ出たということは、偶然が二度続いたのか？　……まー、わからない。**二匹で座りこんで知恵を出し合った**のではないことは確かだ。

ちょっと困ったなー。まだ滑空も満足にできないチビ助たちだから、高いところから落ちて怪我でもしたら大変だ、とか、のどが渇いたらどうするのだろうか、とか、いろいろな心配が頭をよぎった、……**そのときだった**。

ちょっとまた私を驚かせることが起こった。

私が飼育室に入って明かりをつけて、ケージの前で動いていたからだろうか。ケージの裏のほうでガサガサ音がしたかと思うと、ケージの裏面を登ってくる黒い塊がいるではないか。そして、**その塊は、ケージの上面にやってきて、二本足で立って私を眺めた**のだ。**「おじさん、どうしたの？」**とでも言わんばかりに、だ。

これには、〝子モモンガとのつきあい方は、お手のもの〟の私もびっくりした。私が親がわりになった子モモンガたちだったら、まー、ありえるだろう。でもそのときの子モモンガと私はそんな親しい関係ではなかったのだ。

私は、すぐにこの子をケージのなかにもどしてやろうと思い、もしかしたら、このまま手で持てるのではないかと手を近づけた。

さすがに子モモンガは、近づいてきた手から逃げ、横のケージに飛び乗った（そのケージの上面で毛づくろいをしたりしている）。**そりゃーそうだろう**。逃げるわなー。

私は部屋のすみに立てかけてあった昆虫採集用の網（専門家仕様だから、口が大きく、滑らかな繊維の布でできた底が深い袋がついていた。実験用のコウモリたちを、運動のために飛翔させ、適当な時間で終わらせるときに使っていたものだ）を取り、ケージの上の子モモンガの上空に運び、一瞬の息とともに振り下ろした。

もちろん**私の網さばきは………（自分で言うのもなんだが）ちょっとすごい**。私の人生の重さが染みこんでいる。子モモンガは、袋のなかで静かにたたずんでいた。何が起こったのかわからなかっただろう。

そして………、自ら姿を見せてお縄になる子モモンガは**最初の一匹だけではなかった**。最初の子モモンガをケージにもどし終えて振り向くと、ケージから少し離れたところに置いてある机の上の巣箱（森につけていた巣箱で、なかには、それを使っていたモモンガがためこんだスギの繊維を裂いてつくった巣材が入っていた）の出入り口から、なんとかわいい**もう一匹の子モモンガが顔を出してこっちを見ている**ではないか。

やっぱり**「おじさん、どうしたの？」**とでも言わんばかりに、だ。外を探索しているときに巣箱を見つけ、なかに入っていたのだろう。

一方、私としては、**「君はなんでわざわざ顔を出してくるの。すぐ見つかっちゃうじゃない**

**の」**といった気分だ。

**でも、ありがとう**。私は、近づいていって、私の行動に（たぶん）驚いて再び巣箱のなかに引っこんだ子モモンガを、巣箱ごと、網（昆虫採集用の網ではない。調査のときに使う、ミカンが入れられて売られているようなナイロンメッシュの網である）のなかに入れ、子モモンガに巣箱から出てきてもらった。網のなかで、**ハイ、お縄**。

そして、私は、一匹目の子モモンガに続いてケージ内の巣箱に入った二匹目の子モモンガが、母親や一匹目の子モモンガとどのような接触をしているかに思いを馳（は）せた。**「おまえも帰ってきたか。よかったわ」**……みたいな感じだろうか。

ケージから少し離れたところに置いてある机の上の巣箱から「おじさん、どうしたの？」とでも言わんばかりにこっちを見ていたもう1匹の子モモンガ。自分から顔を出したら、すぐ見つかっちゃうじゃないの………

ちなみに私が、巣箱のなかのモモンガたちの個体間の繊細なやりとりなどに思いを馳せるようになったのには、冒頭でちょっとふれた**「親がわりの体験」**が影響していると思うのだ。

私にとって、「親がわりの体験」は、それまでの、外からの、ニホンモモンガの生活についての表面的・断片的な理解（まー、研究というものはそういうものだ。つまりその積み重ねで理解を深めるしかない）から一歩踏みこんだ、**ニホンモモンガの精神世界**のようなものを垣間見せてくれた、とでも言えばよいのだろうか。「親がわりの体験」の三匹の子モモンガたちが、文字ど

子モモンガたちの親がわりになった体験は、表面的・断片的な理解から一歩踏みこんだ、ニホンモモンガの精神世界のようなものを垣間見せてくれた

おり、体当たりで私に教えてくれたのだ。

それからの私は、ニホンモモンガの仲間同士のコミュニケーションにより強く興味をもつようになったのだ。

「ガーグル、ガーグル、ガーグル」……は、そこにつながる話でもある。

さて、その話に移る前に少し鳥瞰（ちょうかん）的な話をさせていただきたい。

「ニホンモモンガについて、**生物学的に理解を深める**、とはどういうことなのだろうか？」という内容だ。

ニホンモモンガについて、生物学的に理解を深める、とはどういうことなのだろうか？

自分で問いを出しておいて、直後に自分で答えを書くというのもなんだが、私は、**「ニホンモモンガが、生存や繁殖を成し遂げるために、どんな特性をもっているか（進化的に発達させてきたか）を理解すること」**だと思う。

この場合の「特性」にはさまざまなものがあるだろう。社会構造、食べ物と消化器系、捕食者からの防衛、親子・雌雄同士のコミュニケーション……。

私は、そもそも、〝社会構造〟〝食べ物と消化器系〟についてよりも、〝捕食者からの防衛〟〝親子・雌雄同士のコミュニケーション〟について研究したくて動物行動学を選んだ。

その私の感覚を理解していただくには、**知的異星人Kが地球を訪れ、ホモ・サピエンスという動物**を理解しようとしたときのことを想像していただければよいかもしれない。

その異星人Kにも、それぞれ個性があって、**あるK**は、学校や店、会社などに〝集まる〟という、空間的移動の特性に興味をもつかもしれない。**別のK**は、二本の細長い構造体を動かして物をつかみ、上部の円形の構造体の表面には左右に楕円の切れ目や中央下部に大きめの切れ目があり、中央下部の切れ目からものを取りこむことなどに興味をもつかもしれない。**さらに別のK**は、二個体、あるいはそれ以上の個体が向き合って音を出したり、大きい個体が小さい個体を抱き上げたり、といった現象に興味をもつかもしれない。

私はこれら三人のKのなかでは、**三番目のKのような個性をもっている**ということだ（いまいちの比喩だったな。でも書いてしまったから、このままにしておこう。うん）。

ニホンモモンガの話にもどろう。

先ほども少しふれたが、私は最近、ニホンモモンガの子どもや成獣がコミュニケーションに使っていると思われる鳴き声にたいそう興味をもっている。飼育して室内で実験しているといろいろな**小さな声**に出合うからだ。

明らかに怒っていると思われるときの声「ヒューヒュー」（これは母親が発することが多い）、「グーグー」「グルグル」………（それぞれ微妙な意味の違いがあるのだろう）。

そして子モモンガが**母親や兄弟姉妹個体の子モモンガから離れたときに発する**鳴き声（これが）「ガーグル、ガーグル」「クー、クー」などである。

ズバリ言って「ガーグル、ガーグル」は、**一度聞いたら忘れられない**独特の声であり、じつは（！）、この声は、晩冬や晩春の繁殖期（ニホンモモンガには一年に二回の繁殖期がある）に、雄が雌に求愛するときにも発されるのである（それを私が発見したときには、いや、発聴したときには、とてもうれしいというか感慨深いものがあった）。

私は二つの実験を通して、この声が、特に**子モモンガと他個体とのつながりに深く関係しているる**ことを確信することになった。

少しお話ししたい。

**一つ目の実験**は次のようなものだった。

子モモンガが、自分の母親や兄弟姉妹のニオイと、別の母子（子モモンガの成長具合は同じくらいで）のニオイを識別できるかを調べたいと思った。子モモンガは巣から出るようになってさらに独り立ちするまでは、母親や兄弟姉妹と一緒に巣のなかで過ごす。**だから巣材には母親や兄弟姉妹の、体毛由来のものを中心としたニオイがついているはず**だ（ここでは、そういったニオイ全体をざっくりと〝母親や兄弟姉妹のニオイ〟と表現している）。

ちなみに、この実験を行なうためには、大きな努力が必要だ。

というのも、春（四〜五月）、調査区域の巣箱を調べまわり、生後、同じくらいに成長した子モモンガを育てる母モモンガのいる巣箱を見つけなければならないからだ。一つの巣箱を調べるために木にハシゴをかけて五、六メートル上り下りしなければならず、それを、運がよければ数十回、運が悪ければ一〇〇回近くやらなければならないからだ。これが若いときだったらどんどん一心にやっただろうが、歳をとったホモ・サピエンスには結構きつい作業だ。

ただし、歳をとって、**モモンガたちが利用する巣箱の場所などについての知識**も豊富になっているから、その知識もフルに利用した。

それに、子モモンガを対象にした実験をほかにもいくつか考えていたので、老体（じつは自分ではそうは思っていないが、体はそう思っているようだ）に鞭打って、挑戦しつづけたのだ。そのかいあって、思いたって一年目、二年目は無理だったが、三年目に成功した（息が切れて、足が疲れて死ぬかと思った。**もう二度とやらない**）。

生まれて一週間くらいで、まだ体毛も生えそろっておらず、目も開いていない（ただし滑空するための皮膜だけはしっかりできている。やっぱりニホンモモンガだねーー）子モモンガと、その母がいる巣箱が、幸運にも、**一つの調査区域のなかで二つ見つかった**のだ。

私は、その二つの巣箱を、慎重に、慎重に、大切に、大切に大学に持ち帰り、飼育室にある、それぞれ別のニホンモモンガ用のケージのなかに置いたのだ。もちろん、水や餌（ヒマワリの種子とスギやスダジイの枝葉）を与えたのだが、二匹の母親はどちらも、授乳しているだけあって十分な栄養が必要なのだろう。餌をよく食べた。

そして二週間ほどたったある日だ。私は実験の準備として次の二つのことを行なった。

子どもたちの発育状態がどれくらいか（二つの母子ペアの子ども同士がだいたい同じくらい

の発育状態かどうか、実験できるくらい大きくなっているか）を確認するため、子モモンガ（どちらのペアでも、子モモンガはそれぞれ二個体だった）の体重を測定した。

一方のペアの子どもが、三四グラム（雌）と三二グラム（雄）、他方のペアの子どもが、三三グラム（雌）と二八グラム（雄）。四個体とも目は開いて、体毛もかなり生えそろっていた。**よし、じつにいい**。もう一、二週間で実験をはじめられる。

ちなみに、子どもたちの体重を量るときは、母モモンガが巣箱から外に出ている間に、巣箱の蓋を開けてそっと子どもをお借りする（母モモンガに「ごめんねー」とかなんとか言って。子モモンガは、まったく嫌がらない。「どこ行

まだ体毛も生えそろっておらず、目も開いていない生後１週間くらいの子モモンガとその母がいる巣箱が、１つの調査区域から２つ見つかった。これで実験をはじめられる！

くの？」みたいな……）。

測定を素早くすませて巣箱にもどすのだが、俗に言われるように、**ヒトのニオイがついたら親は子育てをやめる、などということはいっさいない**。いろいろな（哺乳（ほにゅう）類を含む）動物を飼育してきたが、そんな俗説を体験したことは一度もない。

子どもの体重測定のときには、実験を正確に行なうために必要な、もう一つの準備を行なった。母モモンガがスギの樹皮を細く裂いてつくった巣材を捨て、**かわりに、新品の軍手を四枚入れてやる**のだ。これまでの経験から、母親は、巣材として軍手を好むことを知っていた。軍手を裂いて巣をつくるのだ。こうして、実験する二組の母子ペアが使う巣材の条件をそろえておく。そして、実験で、子モモンガたちにそれぞれのペアが過ごした二つの巣材軍手を提示して、もし子モモンガがそれらに対し異なる反応を示したとしたら、**子モモンガは軍手に付着したモモンガ母子のニオイを識別しているのだ、と推察できる**というわけだ。

さて、それから二週間ほどたったころ、**実験がはじまった**。というか、私が、（学生にも手伝ってもらって）はじめたのだが。

実験は、最近の「先生！シリーズ」の本を読んでくださった方ならご記憶にあると思うが、〝T字型通路〟装置を使った。

上面（天井）が透明のアクリル板で、そのほかの面は板でできている、そのままだが、T字型の通路で、I部分（中央縦通路）の手前側には〝待ち合い区画（待機室）〟があり、〝出動〟前の子モモンガを入れて、そのままだが、〝待機〟させておく。

そしてT字の横通路の左右の端の出入り口に、母子モモンガ（二組いるので〝A母子モモンガ〟と〝B母子モモンガ〟と呼ぼう）が巣材として使ってボロキレのようになった軍手を置くのである。**一方の側には、A母子モモンガのボロキレ軍手を、他方の側にはB母子モモンガのボロキレ軍手**を。

そうしておいて、待機室のパーティションを上げ、子モモンガが待機室から出られるようにしてやるのだ。

もちろん子モモンガは、**「あーっ、窮屈（きゅうくつ）だった！」**といったような様子で前方に進み、そこで、左右から漂ってくる、A母子ボロキレ軍手とB母子ボロキレ軍手のニオイに出合うのだ。

ここで、もし、子モモンガが、自分たち母子のボロキレ軍手のほうへ進んでいく傾向がはっきりと認められれば、仮説「子モモンガは自分たち母子のニオイを、別の母子のニオイと識別することができる」が検証されたことになる。

**で、結果は？**

一回目の実験では、A母子モモンガの一方のほうの子モモンガ（A-1子モモンガとでも呼ぼう）が調べられた。そしてA-1子モモンガは、T字の分岐点のところでしばし止まったあと……、いそいそと、**A母子ボロキレ軍手のほうへ、しっかりと進んでいき、軍手にしがみついた**のだ。

**いや、感動的だねー**。感動的ですよ。

その後、A-2子モモンガ、B-1子モモンガ、B-2子モモンガでも調べ、また間隔をおいてA-1子モモンガでも調べ……、結局、二週間くらいで、A-1・2子モモンガ、B-1・2子モモンガ、合わせて四個体について、それぞれ、六〜八回調べた。

B-1子モモンガで、一回だけ、A母子ボロキレ軍手のほうに行ったことはあったが（軽く鼻をつけて前脚でふれて、それから待機室のほうへもどってきた)、それ以外は、すべての試行でA・B子モモンガともに、**自分の母子ボロキレ軍手のほうへ進んで軍手にしがみついた。**

仮説「子モモンガは自分たち母子のニオイを、別の母子のニオイと識別することができる」が検証されたわけだ。

ただし、だ。**話はこれだけでは終わらなかった。**四個体の子モモンガのうち三個体で、次のようなことが起こったのだ。

自分の母子ボロキレ軍手のほうへ進んでいった子モモンガは、軍手にしがみついては離れ、しがみついては離れを繰り返し、やがて、**軍手**

T字型通路で自分と母兄弟姉妹が巣材にしていた軍手のほうへ近づいていった子モモンガ

**に向かって「ガーグル、ガーグル」「ガーグル、ガーグル」と鳴きはじめた**のだ。その様子は、「母さん、どこにいるの。母さん」といった感じだ。ニオイだけでもこんな反応が起こるのか。私はやはり、感動したのだ。

このような実験結果を手にした私が次に行なったのは、今度は視点を変えて、**「ガーグル、ガーグル」という声に対する子モモンガの反応**だ。

子モモンガは、一緒に過ごした家族のニオイを（特に、家族のなかでも誰のニオイに一番強く反応するのか、という点については、まだ調べていない）ほかの個体のニオイと識別することができ、そちらのほうへ近づいていく。そし

巣材にしていた軍手に、それがＴ字型通路の外に出てしまうくらい鼻を押しつけて「ガーグル、ガーグル」と鳴く子モモンガ

て、しばしば、そのニオイのするほうへ「ガーグル、ガーグル」と声を発することがある、ということはわかった。

では、**子モモンガに「ガーグル、ガーグル」という声を聞かせたらどうするだろうか**、というわけである。

実験には、またT字型通路を使った。

まずは、T字型通路の横通路の左右の端の一方から、最初の実験のときに録音しておいた**A‐1子モモンガの「ガーグル、ガーグル」**を再生してT字型通路内に流し、他方の端からは何も音を流さなかった。そして、**待機室から出てきたA‐2子モモンガ**がどちらのほうに行くかを調べたのだ。

結果は予想どおりだった。**A‐2子モモンガは、A‐1子モモンガの「ガーグル、ガーグル」が聞こえてくる出入り口に向かってまっしぐら**、である。

これと同じ実験を、A‐2子モモンガの「ガーグル、ガーグル」を流したときのA‐1子モモンガについて、B‐1子モモンガの「ガーグル、ガーグル」を流したときのB‐2子モモンガについて、B‐2子モモンガの「ガーグル、ガーグル」を流したときのB‐1子モモンガについて（何やらややこしくなってしまって申し訳ない）行なった。

すべてのケースで、子モモンガは、「ガーグル、ガーグル」の声がするほうへ、躊躇（ちゅうちょ）することなく行ったのだ。


ちなみに、読者のみなさんのなかには、ここで、次のように考えられる方がおられるかもしれない。

自分たち母子のニオイを、ほかの母子のニオイと区別しているのなら、**「ガーグル、ガーグル」についても、自分の兄弟姉妹の声と、ほかの子どもたちの声とを区別するのではないか？**

……と。


流れから言って、そう思われるのは至極（しごく）自然なことだ。科学的に立派な指摘だ。

**だから私も、その実験をやってみた。**A－1子モモンガを待機室に入れて、T字型通路の一方の端からA－2子モモンガの「ガーグル、ガーグル」を、そして他方の端からB－1子モモンガの「ガーグル、ガーグル」を流し、A－1子モモンガを待機室から出してやる、という実験を。

結果は、子モモンガは、特に、**自分の兄弟姉妹の「ガーグル、ガーグル」のほうへ、よりひ**

**かれるということはなかった**のだ。断定はできないが、ニホンモモンガの子の「ガーグル、ガーグル」ならば、誰の「ガーグル、ガーグル」でもよいという可能性が高いということだ。

さて、本章の冒頭で、次のようなことを書いた。

三年前、子を生んでいることを知らずに巣箱ごと大学に連れて帰ったモモンガの母親が不慮の事故（エアコンが止まってしまったのだ）で亡くなり、私は残された三匹の子どもたちを親がわりになって（大変だった）、授乳から育て上げた経験をもつからだ。餌を与え、さまざまな訓練も行なっ

子モモンガたちを森に返したとき、3匹のなかの1匹が、私に向かって「ガーグル、ガーグル」と鳴いた。私を家族のように感じてくれていたのだろうか

て無事、森に返した三匹の子どもたちのことは、もう、一生、忘れることはないだろう。

森に返すとき、三匹の、独り立ちする時期（と私が判断した）のモモンガたちは、最後は巣箱のなかに入った状態で、私と別れをした。巣箱から顔を出し、ハシゴを下りていく私を、「どこへ行くの？」とでもいった顔で見つめていた。

そのとき、三匹のなかの一匹が、**私に向かって「ガーグル、ガーグル」と鳴いたのだ**。

私を、母か兄弟姉妹のように感じていたのかもしれないなーと、今なら想像できる。

思い出すたびに胸が締めつけられるヨ、ホントウニ。

同時に、もっともっと、彼らの精神世界を知りたいと思うのだ。

# 千代砂丘(せんだい)には驚きと発見があふれている！

スナガニの求愛行動。はじめて目撃した！

ツイッターの話が多くて（シジュウカラの話もだ）恐縮だ。**ご勘弁を**。

これまで例外なく、写真＋短い（時には制限ギリギリの字数の）文章で「つぶやき」をアップしてきた私が、あるとき九〇字ほどの文章だけでアップしたことがあった。

**次のような文章である**。

> 今朝、教育研究棟から、手に大事そうに何かを握って外に出て、庭の根元で手を開いた学生を、通りがかりに見た。すぐに分かった。「ダンゴムシ？」と声をかけるとニコッと笑って棟に入っていった。いいね。

そして、その文章にぶら下げるような機能で次の文章を加えた。

> 建物の中では遅かれ早かれ死んでしまう。私も彼女と同じことをする。だから私も嬉しかったのだ。

この大変シンプルな投稿は、読んだ人の心をちょっとだけ刺激したのかもしれない。「いいね」が四〇〇、「リツイート」が五〇ほどあった。多いときには一万リツイートを超える私の投稿状況からすると多いわけではないが、写真をつけてもリツイートが一桁の場合があることを考えると、数行の文章だけで五〇のリツイートがつくというのは少し意外だった。

一方、投稿文章の内容についてだが、こう書いたからといって、私が、建物内で目にしたダンゴムシやワラジムシなどをすべて外に出してやっているわけではない。**それは無理だ**。時間的にも、精神的にも、自分にゆとりがある場合にかぎってそうするだけである。ゆとりがないときは、見捨てるのだ。

矛盾と言われれば矛盾である。「ゆとりがないときは、見捨てるのだ」ったら、時々助けたりなんてしなければいいではないか、と言われれば、まー、そのとおりだ。でも、まー、人生とは、そもそも矛盾の塊だ。その矛盾の塊のなかで、それぞれが〝傾向〟（生き方）を緩やかに紡ぎだすのだ。

さて、本章をツイッターの話からはじめた理由は、**本章の最後でわかっていただける**として、場面は、白い雲をぶら下げるような青い空と白い波を乗せるような青い海、そして肌色に広がった砂丘、へと移る。

私は、鳥取県のおもに東部にニホンモモンガと洞窟性コウモリの調査地を何カ所ももっているが、本格的な「調査地」とは違って、もっと気軽に訪れ、それなりに発見もあり、**気軽に楽しませてもらえる「準調査地＋α」とでも言うべき場所**もいくつかもっている。

その一つが「青く広がる空と、青く波打つ海、そして白っぽく広がった砂丘」なのだ。

鳥取県の東部を南北に流れる大きな川、

本格的な「調査地」より気軽に訪れることができる「準調査地＋α」とでも言うべき場所の１つが、鳥取県の東部を南北に流れる千代川の河口付近に広がる千代砂丘だ。青い空と青い海、白い砂丘が広がっている

千代川の河口付近に広がる砂丘（全国的に知られている〝鳥取砂丘〟から少し離れた、というか、細長い鳥取砂丘の端、と言えばよいのだろうか）である。仮に**〝千代砂丘〟と呼ぼう**。千代砂丘については、以前、「先生！シリーズ」でも紹介した。覚えておられる方は、**読んでくださってありがとう**。記憶にない方は、**まー……**。

おもに、休日の朝、時間的にゆとりがあるときなど、私は千代砂丘に行き、波打ち際を、癒やしを求めて、でも一方で、好奇心いっぱいの気持ちで歩くのだ。

ホモ・サピエンスという動物が生み出したもの、いわゆる〝海ごみ〟についてはこ

休日の朝、時間があるときは千代砂丘に行って波打ち際を歩いてみる。癒やしを求める一方で、やはり好奇心いっぱいに新しい何かを探している自分に気づく

こではふれない。ホモ・サピエンス以外の、断片になっているものも含め、じつにさまざまな姿の貝殻やウニやカニやフジツボの骨格などが波打ち際に、曲線を描く星座のように散らばっている（そのなかに、ホモ・サピエンスの骨格があったら大変なことになるだろう）。

自然は私に、しばしば、驚きを与えてくれるが、もちろん、千代砂丘の〝星座〟もそうだ。

そのなかには、「貝殻やウニやカニやフジツボの骨格」といった星々以外にも、**アオイガイ**（これは貝ではなく、カイダコというタコの仲間の殻で、二つ合わせるとハ

じつにさまざまな姿の貝殻やウニやカニやフジツボの骨格などが波打ち際に、曲線を描く星座のように散らばっている。素敵なものは研究室に持ち帰る

千代砂丘には驚きと発見があふれている！

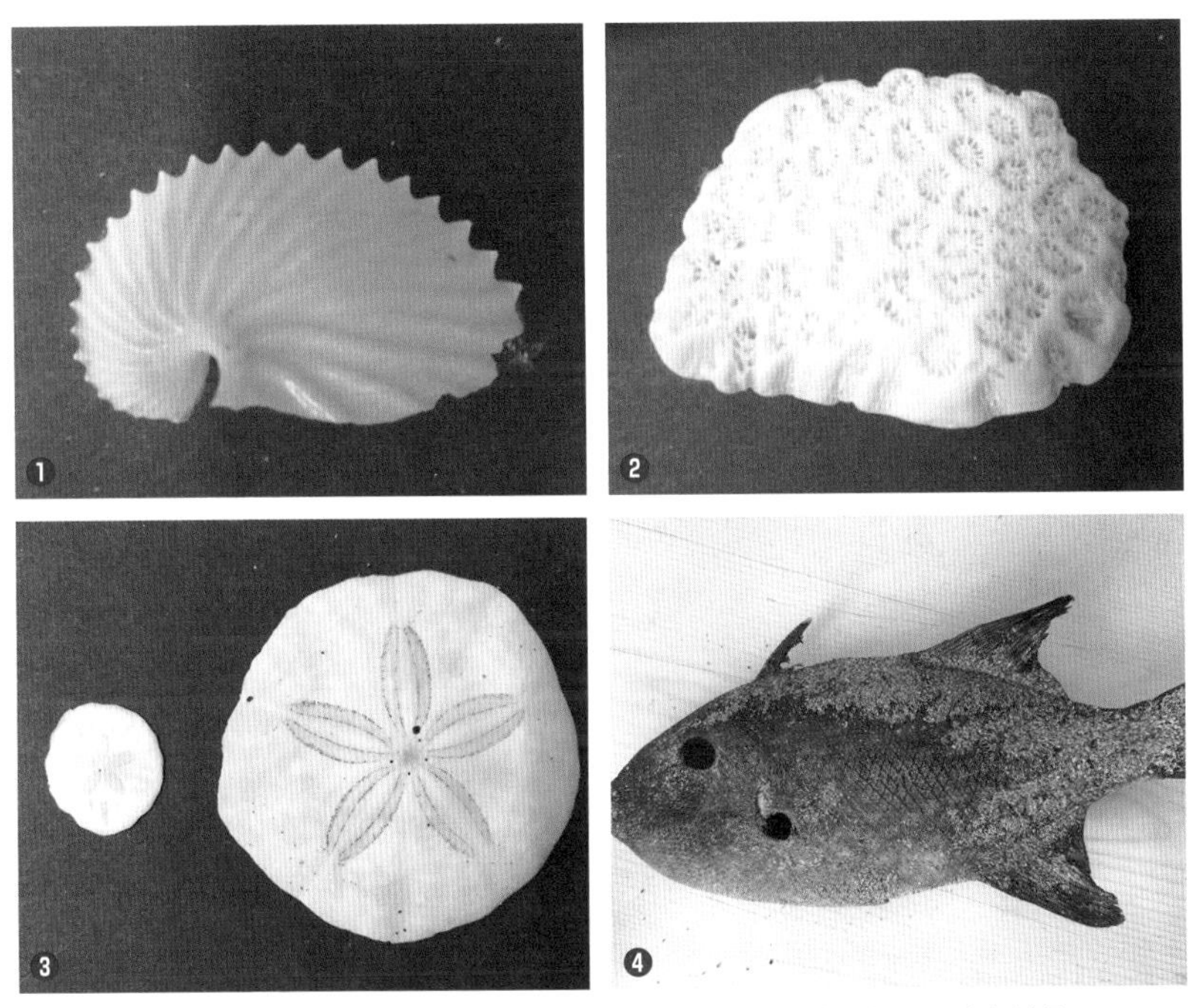

①アオイガイ。貝ではなく、カイダコというタコの仲間の殻だ。2つ合わせるとハート形になる
②サンゴの家。われわれが普通、サンゴと聞いて思い浮かべるのは、なかにサンゴ虫が棲んでいる“家”だ。それはイソギンチャクと同じ刺胞動物であるサンゴ虫がつくった集団アパートみたいなものだ
③スカシカシパンの殻。ウニの仲間。5枚の花弁のような模様がきれいだ
④魚の干物。ハギの仲間だろう

ート形になる）、**サンゴの家**（われわれが普通、サンゴと聞いて思い浮かべるのは、そのなかにサンゴ虫が棲んでいる〝家〟だ。それはイソギンチャクと同じ刺胞(しほう)動物であるサンゴ虫がつくった集団アパートみたいなものだ）、**水鳥の頭骨(とうこつ)、スカシカシパンと呼ばれるウニの仲間の殻**（五枚の花弁のような模様がきれいなのだ）、各種魚の干物などなど、たくさんの星々が輝いている。私は素敵なものは研究室に持ち帰る。

海からの風が強い日には、〝星座〟は波に散り散りになり、**ものすごいもの**がやってくることがある。

長い流木にびっしりとくっついて、大き

研究室に持ち帰られた干からびたハリセンボン。海釣りで、「こんなものはいらん」と浜に捨てられたのだろう。生臭いニオイがとれるまで外に置いたあと、なかに持って入った

く大きく成長した**エボシガイ**だ。

　これに出合ったときはちょっとびっくりした。エボシガイなら小さな個体が瓶や貝にチョコッとくっついているものをよく見るが、一個体一個体がこんなに大きく、それが集まって**四メートル以上の群体の帯になった、超巨大エボシガイ**にお会いしようとは。おまけに、貝の末端から伸びているチューブのようなものは、これまた太くて長く、なんと、**もそもそと動いておられた**のだ！

「でも」と言うべきか、「だから」と言うべきか、私は、じっくり観察させていただいたあと、怪我をされないように慎重に、砂の上を少しずつ動かし、海へ帰してさしあげた。一人ではムリだったので、たまたま近くにおられた同僚のA先生に手伝っていただいた。

　また大海原に出て、無事、海を漂う生活にもどられることを祈って。

4m以上の群体になっていたエボシガイ。貝の末端から伸びているチューブのようなものは太くて長く、なんと、もそもそと動いていた！

170ページで「研究室に持ち帰られた干からびたハリセンボン（種名まではわからない）」の写真をお見せしたが、そのハリセンボンが、生きた状態で姿を見せてくれたことがあった。

まだ寒い四月ごろだったと思う。今日は何かあるぞ、みたいな思いで、朝早く千代砂丘に行くと、波が強風に押され、海水が砂浜に広がり、表面がちょっと溶けたスケートリンクのような状態になっていた。そして、その上を滑るように、**半分、体を水面上に出して、もがくように動いているもの**が見えた。

私は、もう反射的に、その〝動くもの〟めがけて走っていった。

まずわかったことは、それがどうも丸っこい形の魚のようだ、ということだった。

次に、塩水にぬれながらつかんでみたら、………正体

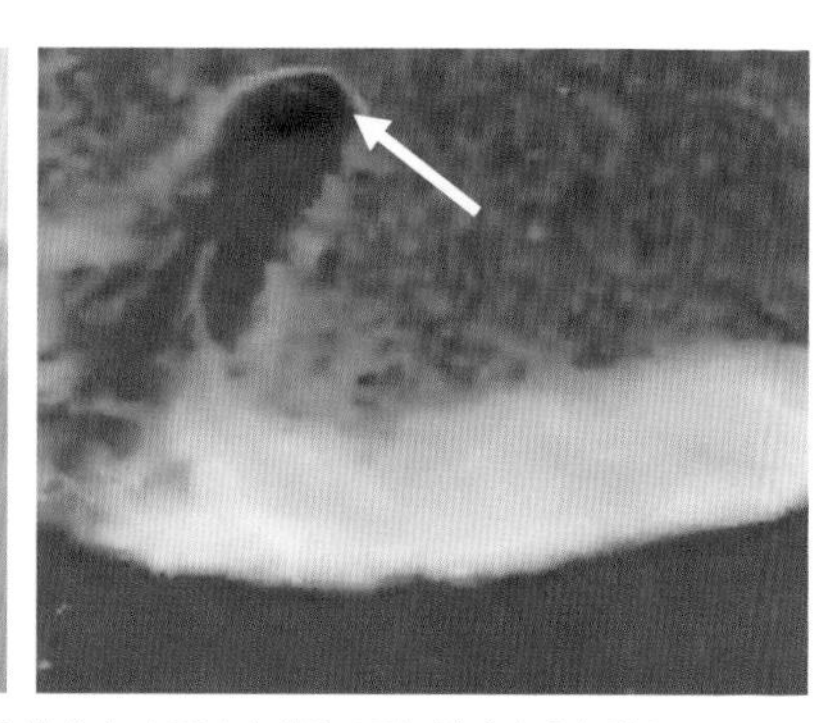

まだ寒い4月ごろの千代砂丘で、体の半分を水面上に出してもがくように動いているもの（矢印）に出合った（右）。ハリセンボンだ。針が布の手袋を射抜いて肌につき刺さってきた

がすぐわかった。

**ハリセンボン**だ。

体の針は伊達ではなかった。布の手袋を射抜いて肌につき刺さってきた針は、**確かに痛かった**。元気そうでなによりだ、と思いながらその顔を見ると、威厳と愛嬌が入りまじったような立派な面構えで、なにやら私はうれしくなった。口をパクパクさせながら、体を動かし、**放せ―――――**、だろう。

写真を撮ってから、できるだけ海のほうへと入っていき、力いっぱい遠くへ投げてやった。イヤ、清々しい気持ちになった。おそらく強風に押されて座礁（ざしょう）したのだろう。

さて、そんな千代砂丘に、**一〇日ほど前、行ってきた**。午後五時ごろ（今は七月である）だった。

その日は火曜日だったが、体調が悪く、もう仕事にはならないので帰宅しよう、と思ったのだ（帰宅の途中で千代砂丘に立ち寄ったわけだ）。

平日に千代砂丘に行くのもはじめてだったと思うし、〝夕方〟がそばに来ている時刻に行ったのもはじめてだったように思う。

潮風と〝星座〟を薬にしようと思ったのだ。

駐車場に車を止めて、いつものザックを背負い、そこから海へと注ぐ川にそって数分歩くと、千代砂丘だ。

駐車場から砂丘までの道は、川沿いのコンクリートの岸で釣りをしている人もいて、なかなか気持ちのよい空気が流れる場所なのだが、その日は、その空気を切り裂くように、私のすぐわきを、**一台の自転車が通り過ぎていった**。

スポーティーな自転車に、若い、ブロンドの女性が髪をなびかせて乗っており、砂丘へ向かっていることは明らかだった。

**「へーっ、砂丘へねーー」**。こんな出来事は今まで一度も経験したことがなく、なにやら千代砂丘で何が起きるのか、いつにも増して、楽しみになった。**千代国際砂丘**……みたいな。

砂丘の入り口に着くと、そこには予想どおり、砂の斜面に立てかけるようにして自転車が置いてあった。

私は砂丘に足を踏み入れ、いつものルートで海に近づいていった。

すると、沖に大きな船が浮かんでおり、夕方に足を踏み入れた海上の色のなかに、何個かの光が、船体の上部で点滅していた。

**そしてだ**。波打ち際に近い砂の上に（明らかに）**ヒトが、海を見る姿勢で座っている**ではないか。それが、〝髪をなびかせ空気を切り裂くように、私のすぐわきを自転車で通り過ぎていった〟、その女性であることはすぐわかった。その後ろ姿が、その場の景色にこれ以上なく似合っていた。

海を見ながら母国の家族（イヤ、恋人か、イヤ、いつも食べていたお気に入りのスパゲティーか、まー何でもいいけど）のことを思っているのだろうかなどと空想した。

夕方に足を踏み入れた海上の色のなか、沖に浮かぶ大きな船の船体の上部で何個かの光が点滅していた

そんな空想のあと、私は、いつもの自分にもどり、ルートを進んで〝星座〟に到達し、波打ち際にそって続く〝星座〟に集中し、ゆっくりゆっくり歩きはじめた。

その日は、見事なスカシカシパンが見つかり、ティッシュペーパーにくるんでザックに入れた。貝もなかなかよいものがあったが、ちょっと気を緩めると研究室が貝だらけになるので、よほど感動を覚える貝でなければ拾わないようにしていた。

さて、〝星座〟を進んでいくと、その前方には、砂上に座って暮れゆく海を見つめている女性がいることは、〝星座〟の上を歩きはじめたときからわかっていた。今度は、後ろ姿ではなく、横から見る姿であることも。さらに、すぐそばから見ることになるだろうことも。でも、だからといって、私は自分のルートを変えるつもりはなかった。

**そしていよいよその時は来た。**

私は、一瞬ためらったが、砂丘が、千代国際砂丘になったのだから、親善のために、また、〝星座〟のなかではじめて見つけた〝ヒト〟への大いなる関心から、話しかけてみることにした。**まー、まずは英語だろう。**

Hi, what are you looking at?

するとその女性はこちらを向いて（やはり若かった。県内の大学の留学生かもしれない、と私は思った）ニッコリ微笑み、少したどたどしい日本語で言ったのだ。

「私は、英語はよくわかりません。日本語のほうがわかります」みたいな感じのことを。

私は少し笑って「そうですか。何を見ているんですか」と切り出した。

女性は即座に言った。**「海です」**（まー、そりゃあ、何を見ているかと聞かれたら、そう答えるしかないだろう）

そしたら今度は私が女性から質問された。

「あなたは何をしているのですか」

私は、足元の〝星座〟を指さし、「海から浜辺に流れ着いた生物のかけらを探しています」と答えた。そして、直前に拾ったスカシカシパンの骨格をザックから出して見せてあげた。

「きれい！」みたいな反応があり、ほかにどんなものが見つかるのか話をしてあげた。

もっといろいろ話を続けてもよかったのだが、女性にもいろいろ事情があるだろうと思い、

「どうぞもっと海を見ていてください」みたいなことを言って、私は〝星座〟の旅にもどった。ただ、千代砂丘でのはじめての〝国際的〟体験ということもあり、世界中の人たちが、それぞれいろいろな境遇で、いろいろな思いで生きているのだろうなーと（突然ロシアに侵攻されたウクライナのことも頭に浮かんだ）、しばし考えたのだった。

その日は海からの風が弱く、浜に打ち上げられているものは少なかった。でも、私の脳が集中力を取りもどすにつれ、前方の、〝星座〟の周辺で**砂の上を忙しそうに動く黒い〝もの〟**がたくさんいることに気がついた。そして、脳は、それが何者かについてもすぐに答えを返してくれた。

**スナガニ**だ。

以前から千代砂丘ではなじみの動物だった。スナガニは、冬の間は砂浜に掘った巣穴のなかで、出入り口をふさいで冬眠状態で過ごし、春の終わりごろになると活動をはじめ、巣穴から出て外を移動するようになる。大変用心深いカニで、鳥や〝私〟が近づくとサッと巣穴にもどる。

ちょっと意外だったのは、彼らが、**ある範囲で、密集して動いていた**ことだった。こんな状態のスナガニたちは今まで見たことがなかった。彼らが使う巣穴も密集してつくられていた。

さらに意外だったのは、多くのスナガニが、二〇センチくらいの間隔をとって、巣穴の近くで、**〝屈伸運動〟のように脚を伸ばしたり曲げたりして、背伸びをするような動作を繰り返している**ことだった。

彼らの全般的な生態は『先生、カエルが脱皮してその皮を食べて

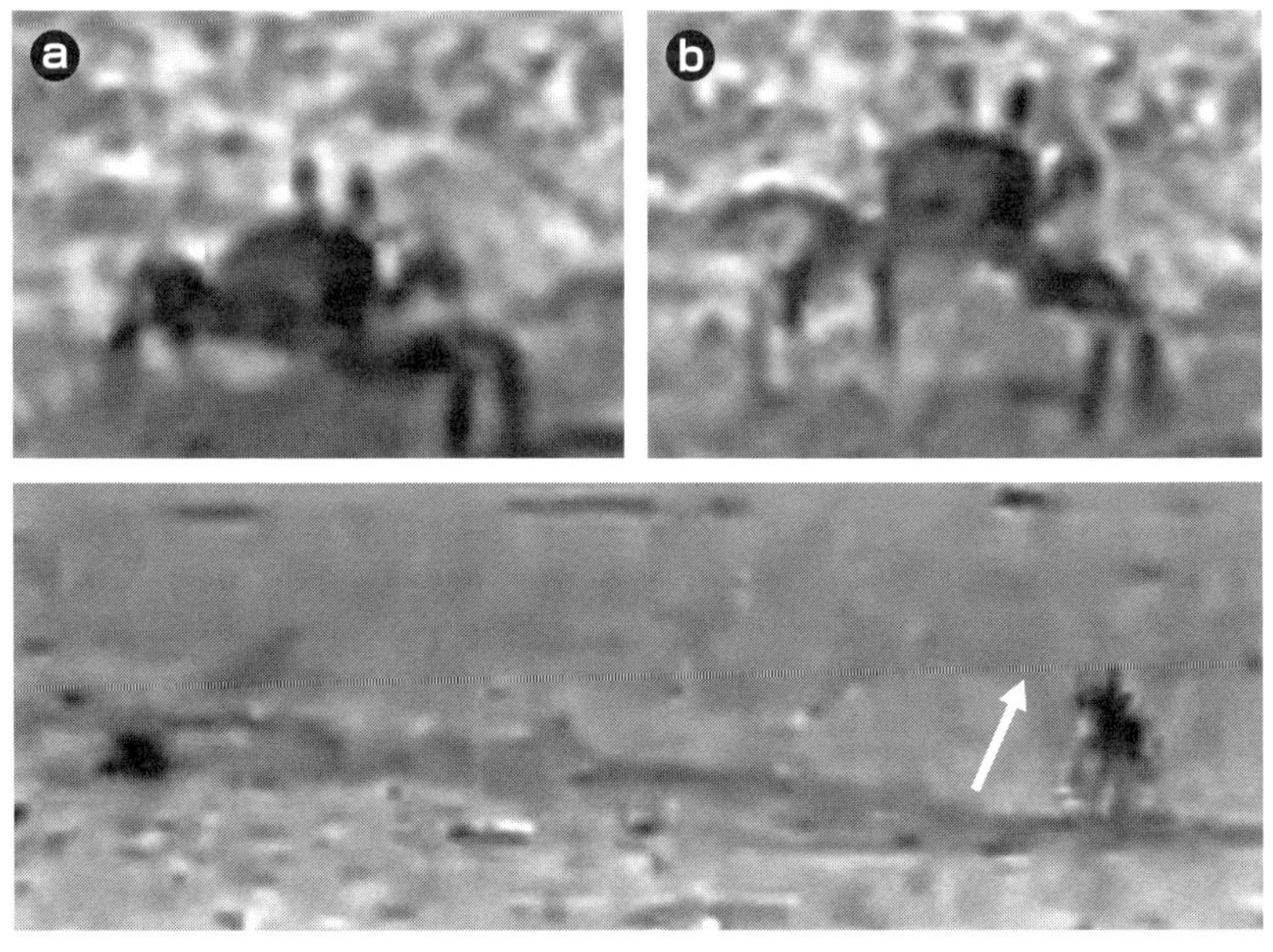


上の写真は、左の姿勢（a）から右の姿勢（b）へと体を伸び上がらせて行なう雄の求愛行動らしきものを示している。下の写真では、その求愛行動らしいものが勢いよすぎて（白矢印の方向に伸び上がった）、体がほとんど地面（砂）から浮き上がっている状態（画像が粗くて申し訳ない）

います！』のなかでお話ししたが、そのときには見ることができなかった現象だった。

また、よく見ていると、〝屈伸運動〟に熱中している個体は、全般的に体色が黒っぽく、その個体たちの間を、白っぽい個体が、ジグザグ状に移動していることもわかった。

それらの一連の出来事にいたく興味をもった私は、もっと詳しく状況を知りたいと思い、砂の上にゆっくりと腹這いになり、匍匐（ほふく）前進で彼らに近づいていったのだ。

通常なら、彼らの警戒心によってそれほどには近づけなかっただろうが、**よほど〝屈伸運動〟に熱中していたのだろう**。これが限界だろうと思われる五メートルくらいまでは近づけたので、そこから**じーーっと様子を観察した**。

イヤ、面白かった。

ハサミ以外の数本の脚を伸ばしたり曲げたりしながら体を上下させているのだが、何匹かの個体は、脚を伸ばしたとき、**その勢いがよすぎて、体全体が水平に砂丘から離れ上空へと舞うのだ**。そうかと思えば、左右どちらかだけの脚を勢いよく伸ばすものだから、体が横向きになって跳ね上がり、なにやら**アクロバットのような様相**を呈してくる。

そのような状況を、全体的、総合的に判断すると、優れた動物行動学者**（私のことだが）**なら、きっと次のような言葉を思い浮かべるにちがいない。

**「レック」**………

「レック」とは、たくさんの雄が、ある場所に集まって、雌に対して求愛行動を行なう、言わば、〝**集団求婚場**〟である。雄が求愛の誇示行動を行ない、雌が近くを歩きまわって〝品定め〟をするのだ。

レックは、鳥類で知られている現象であるが、私の目には、スナガニたちの集まりが、このレックのように思えたのだ。

つまり、体が黒っぽくて、元気満々で屈伸運動を基本とした〝アクロバット〟をしている個体が雄、それらの個体の間を品定めするかのように移動する白っぽい体色の個体が雌、みたいな。

そんなレックのような区域が視野のなかに少なくとも三つほどあったのだが、それがほんとうに「レック」と呼んでいいものなのか………、可能性は十分あると思っている。

やがて暗闇はその濃さを増していき、スナガニの姿はその暗闇のなかへと溶けこんで、大まかな輪郭しか見えなくなった。

ライトは持っていたが、光を当てるとカニたちが散り散りになる。私は帰ることにした。やってきたときの体と脳のだるさはかなり改善され、元気になったような気分だった。

もし、あれがほんとうにスナガニのレックだったら、雌は、雄のどんなところを見て番相手(つがい)を決めるのだろうか、といったことなどを考えながら来た道をたどっていった。振り向くと、沖の船が、その光が鮮やかになって、浮かんでいた。

砂の上に座っていた若い女性は、………当然だが、もう姿はなかった。

さて、帰宅した私は、**あること**にとりかかった。

何を隠そう(そもそも隠すことではない)、今日、私が千代砂丘で見たスナガニの求愛行動らしきものを(動画で撮影していた)、**ツイッターやフェイスブックに載せようと思った**のだ。

そして、フォロワーのなかにスナガニの求愛行動を観察したことがある人がいたら、情報交換をしたいと考えた(フォロワーのなかには、生物学の研究者の人もたくさんいる)。

そしてもう一つ、特にツイッターに載せようと思ったのには、**別の理由**があった。

ここだけの話だが、そのころツイッターのフォロワー数が九九九〇台にとどまって、長らく増減を繰り返していたのだ。そう、私は、**早く一万を超えたかった**のだ（私くらいの〝優れた動物行動学者〟になると、ちょっと恥ずかしい発言だが、まー、私が、まだまだ子どもであり、**成長の伸びしろがある**ということだ）。

やっぱり恥ずかしいので、結果だけ。

スナガニたちの求愛らしき行動の動画のおかげで、**翌朝起きて、一番に確認したら**（ここも子どもっぽいのだが）、**一万八になっていた**。

凛々（りり）しいスナガニの雄。矢印の“窪み”に目がぴったりはまるようになっていて、砂のなかでは窪みに収められている。この雄は雌に好まれるのだろうか………？

著者紹介

**小林朋道**（こばやし ともみち）

1958年岡山県生まれ。

岡山大学理学部生物学科卒業。京都大学で理学博士取得。

岡山県で高等学校に勤務後、2001年鳥取環境大学講師、2005年教授。

2015年より公立鳥取環境大学に名称変更。

専門は動物行動学、進化心理学。

著書に『利己的遺伝子から見た人間』（PHP研究所）、『ヒトの脳にはクセがある』『ヒト、動物に会う』（以上、新潮社）、『絵でわかる動物の行動と心理』（講談社）、『なぜヤギは、車好きなのか？』（朝日新聞出版）、『進化教育学入門』（春秋社）、『身近な野生動物たちとの共存を全力で考えた！　動物行動学者、モモンガに怒られる』（山と溪谷社）、『先生、巨大コウモリが廊下を飛んでいます！』をはじめとする「先生！シリーズ」（今作第17巻）と番外編『先生、脳のなかで自然が叫んでいます！』、および『苦しいとき脳に効く動物行動学』（以上、築地書館）など。

これまで、ヒトも含めた哺乳類、鳥類、両生類などの行動を、動物の生存や繁殖にどのように役立つかという視点から調べてきた。

現在は、ヒトと自然の精神的なつながりについての研究や、水辺や森の絶滅危惧動物の保全活動に取り組んでいる。

中国山地の山あいで、幼いころから野生生物たちとふれあいながら育ち、気がつくとそのまま大人になっていた。1日のうち少しでも野生生物との“交流”をもたないと体調が悪くなる。

自分では虚弱体質の理論派だと思っているが、学生たちからは体力だのみの現場派だと言われている。

ツイッターアカウント @Tomomichikobaya

# 先生、ヒキガエルが目移りしてダンゴムシを食べられません！

## 鳥取環境大学の森の人間動物行動学

2023年1月13日　初版発行

著者　小林朋道
発行者　土井二郎
発行所　築地書館株式会社
〒104-0045
東京都中央区築地7-4-4-201
☎03-3542-3731　FAX 03-3541-5799
http://www.tsukiji-shokan.co.jp/
振替00110-5-19057
印刷製本　シナノ印刷株式会社
装丁　阿部芳春

 ISBN978-4-8067-1645-7

# 先生！シリーズ

［鳥取環境大学］の森の人間動物行動学
小林朋道［著］　各巻 1600 円＋税

先生、
イソギンチャクが
腹痛を起こしています！

先生、
犬にサンショウウオの
捜索を頼むのですか！

先生、
オサムシが研究室を
掃除しています！

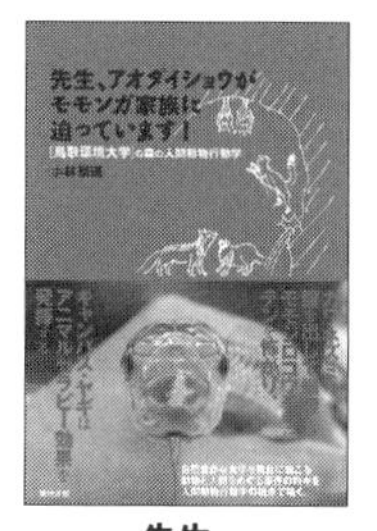


先生、
アオダイショウがモモンガ
家族に迫っています！

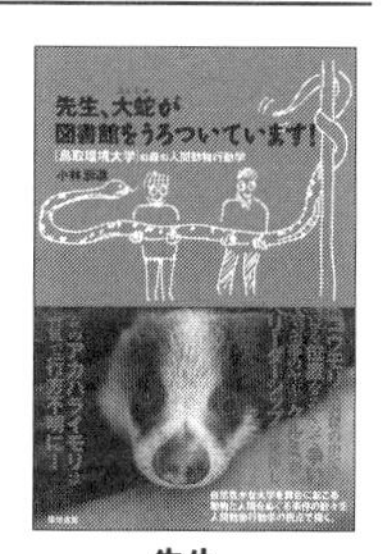


先生、
大蛇が図書館を
うろついています！

先生、
頭突き中のヤギが
尻尾で笑っています！

先生、
モモンガがお尻で
フクロウを脅しています？

【番外編】先生、
脳のなかで自然が
叫んでいます！